选购指南

琥珀

第2版

汤紫薇　编著

化学工业出版社

·北京·

琥珀，这种神秘而古老的有机宝石，从古至今都深受人们的喜爱，它经过了几千万年的沉淀，被认为是幸福和祥和的象征。《琥珀选购指南》（第2版）较为系统地介绍了琥珀的文化历史、形成的科学解释、性质和特征、品种、鉴别方法和特征、质量评价、产地、选购和搭配技巧以及保养等方面的知识。

本书内容翔实，图文并茂，适合琥珀的爱好者、收藏者、投资者阅读参考。

图书在版编目（CIP）数据

琥珀选购指南／汤紫薇编著． — 2版． — 北京：化学工业出版社，2017.6
ISBN 978-7-122-29469-2

Ⅰ. ①琥⋯　Ⅱ. ①汤⋯　Ⅲ. ①琥珀－选购－指南
Ⅳ. ①TS933.23-62

中国版本图书馆 CIP 数据核字（2017）第 073817 号

责任编辑：邢　涛	加工编辑：李　曦
责任校对：边　涛	装帧设计：韩　飞

出版发行：化学工业出版社（北京市东城区青年湖南街13号　邮政编码100011）
印　　装：北京东方宝隆印刷有限公司
710mm×1000mm　1/16　印张10　字数176千字　2017年7月北京第2版第1次印刷

购书咨询：010-64518888（传真：010-64519686）　售后服务：010-64518899
网　　址：http://www.cip.com.cn
凡购买本书，如有缺损质量问题，本社销售中心负责调换。

定　　价：69.00元

前言

2016年3月，中国科学家发现了迄今为止世界上最为古老的琥珀，其年龄约在9900万年；2016年6月，古生物学家和昆虫学家宣称，他们发现了有史以来第一批琥珀中的鸟标本。这也是人类首次有缘一睹恐龙时代古鸟类的真面目……

琥珀作为一种神秘而古老的宝石，它的硬度不高，也不具有其他宝石所具有的好的光泽，人们之所以喜欢它，是因为它经过了几千万年的沉淀而形成的油润的质地和灿烂的色彩，被认为是幸福和祥和的象征。除了作为珠宝首饰使用之外，琥珀常被用来制作念珠、佛珠等，是佛家的吉祥物。但是，由于目前市场上各种琥珀饰品名称混乱，以及各种仿制品和优化处理品的大量出现，这不仅仅给爱好者和收藏者造成困扰，而且也导致了经济损失。鉴于此，本书从琥珀的文化历史、形成的科学解释、性质和特征、品种、鉴别方法和特征、质量评价、产地、选购和搭配技巧以及保养等方面进行介绍，希望能给读者提供帮助和参考。

在编写过程中，作者参阅了最新的琥珀研究成果，浏览并阅读了国内外专业网站上刊载的相关资料，且在书中引用了一些已出版著作和专业网站上的图片资料，在此对原作者表示衷心的感谢！

第2版《琥珀选购指南》在框架上基本保持了第1版的结构，新增了市场上琥珀新的优化处理方法和仿制品品种及其鉴定特征，并对第1版中的错漏之处进行了修订。

本书在编写过程中得到了广州番禺职业技术学院珠宝学院领导和老师们的大力帮助和支持，在此表示诚挚的感谢，特别感谢王昶教授对本书提出了宝贵的修改意见。由于水平有限，书中的不足之处诚恳期望广大读者批评和指正，在此表示衷心的感谢！

编著者

目 录 Contents

在英文里，琥珀被称作 Amber，这个词语来源于拉丁文 Ambrum，意思是"精髓"。也有人认为琥珀一词来自阿拉伯文 Anbar，意思是"胶"。琥珀是中生代白垩纪至新生代第三纪松柏科植物的树脂，经地质石化作用而形成的有机物质。琥珀是11月的生辰石，也是德国和罗马尼亚的国石。

古希腊传说中，太阳神阿波罗的儿子因私驾太阳车遇难，他的母亲和妹妹闻讯后抱头痛哭，眼泪就变成了琥珀。而北欧的民间传说也有琥珀的影子：海的女儿因丢失了自己心爱的项链，一路哭着回到家中，洒在海中的泪珠也化成了琥珀……

中国科学家发现了目前为止世界上最古老的琥珀。研究显示，其年龄约在9900万年（接近1亿年）左右，形成于早白垩纪至新生代之间。

一、中国古代先民对琥珀的认识

在中国历史中，古籍中很早就有关于琥珀的记录。《山海经》中记载，琥珀有活血化瘀、安气定神的功效，还一直被视为辟邪镇宅的灵物。琥珀，中国古人将其称为"遗玉""虎魄"等。宋代黄休复在《茅亭客话》中，收录了一则老虎的魂魄入地，然后化作琥珀的传说。许多人相信这一传说，于是琥珀被称作"虎魄"。李时珍在《本草纲目》中也提到："虎死则精魄入地化为石，此物状似之，故谓之虎魄。俗文从玉，以其类玉也。"

在中国古代，琥珀作为达官贵族的玩物和经常佩戴的装饰品，出现的年代很早。新石器时代的遗址中出土了琥珀雕刻的装饰物，战国古墓中也出土了琥珀珠，汉代以后琥珀制品就更多了，到了清代琥珀作为官员帽上的顶珠。《南史》中记载有，潘贵妃的一件琥珀钏，价值相当现在的170万元。琥珀的珍贵由此可见一斑。唐《西京杂记》记载，汉成帝后赵飞燕使用琥珀枕头以摄取香味。在中国，琥珀一直作为一种传统的宝石使用，如今琥珀也是一种男女都十分喜爱的宝石，近几年，这种喜爱程度有增无减。用琥珀雕刻的各种精美工艺品，尤其受到人们喜欢（见图1-1~图1-10）。

图1-1 明代琥珀莲鱼挂坠正面（上）和反面（下）

图1-2 明代渔翁戏荷琥珀杯正面（左）和反面（右）

图1-3 明代镶金托双龙戏珠纹琥珀饰件

图1-4 契丹双凤纹（左）、蟠龙纹（右）琥珀握手（出土于陈国公主墓）

图 1-5 契丹琥珀璎珞（出土于陈国公主墓，内周长 113cm，外周长 159cm。该璎珞是迄今所见最大的琥珀饰件，其外串 264 件，由 5 小串 257 颗琥珀珠和 5 件琥珀浮雕饰件、2 件素面琥珀饰件以细银丝相间穿缀而成；内串 69 件，由 60 颗琥珀珠和 9 件圆雕、浮雕琥珀饰件以细银丝相间穿缀组成。琥珀浮雕饰件纹样主要为龙纹，图案抽象而富于动感）

图 1-6 清代琥珀鼻烟壶（现藏于台北"故宫博物院"）

图 1-7 清代琥珀鼻烟壶（现藏于台北"故宫博物院"）

图 1-8 清代琥珀寿星（现藏于台北"故宫博物院"）

图1-9　清代金珀朝珠（现藏于台北"故宫博物院"）

图1-10　清代刻花琥珀小盒（现藏于台北"故宫博物院"）

二、西方人对琥珀的认识

经过在大自然中千万年以上的演变而形成的琥珀，自古以来就是欧洲贵族佩戴的传统饰物，也是欧洲文化的一部分。欧洲人对琥珀的迷恋一如中国人对玉石的钟爱。古代欧洲，只有皇室才能拥有琥珀，琥珀被用来装点皇宫和议院，成为身份的一种象征（见图1-11，图1-12）。

公元前1600年，波罗的海沿岸的居民，就以锡和琥珀作为货币，与其南方地区的部落交易，换取铜制造的武器或其他工具。

公元前200年，欧洲中部的美锡尼人、腓尼基人和伊特鲁利亚人共同形成了一个以琥珀为基础的商业网。同一时期，波罗的海的琥珀则经由爱琴海辗转流传到地中海东岸。考古学家就曾在叙利亚挖掘出古希腊美锡尼文明时期的瓶和壶，在容器中发现波罗的海的琥珀项链。

公元5世纪，罗马人更是远征波罗的海，寻找琥珀，琥珀的交易也在这时达到前所未有的鼎盛时期。中古世纪，

图1-11　大希腊（公元前8世纪~公元前6世纪）出土的琥珀首饰，现存于意大利的波利科罗博物馆

图1-12　萨尔马泰步摇冠（于1864年在新切尔卡斯克的萨尔马泰女王墓出土，年代为公元前2世纪，此冠由数段连接而成，已残失一部分，但冠的上缘仍存有两棵枝柯扶疏的金树，所缀金叶均能摇动。冠正面的金树两旁对立二鹿，侧面金树两旁各有一只面向前方的盘角羊，后面还跟着两只禽鸟，这一部分带有浓厚的萨尔马泰艺术风格。但冠体装饰则大异其趣，那里镶嵌有紫水晶、珍珠以及石榴石雕琢的女神像，呈现一派希腊艺术特色。）

波罗的海琥珀以宗教器物的用途而风行（见图1-13）。

自13世纪以来，琥珀大量用于装饰品，主要由一大块琥珀雕成，然后再嵌有金银细丝和宝石，如化妆盒和眼镜框等。

18世纪，琥珀艺术的巅峰之作当属著名的"琥珀宫"，被称作"世界第八大奇迹"。1701年，第一位普鲁士国王腓特烈一世为了给他的王后一个豪华的居所，在柏林的夏洛特堡宫内命人建造了这一奢华宫殿建筑。著名建筑设计师安格拉·舍鲁特受命设计了这一建筑，并由多国的著名工匠对其进行了装修。最终成型的建筑内部镶嵌了大量的黄金和宝石，风格上颇似法国凡尔赛宫的镜厅。由于建筑内部最主要的装饰材料为当

图1-13　古罗马酒神狄俄尼索斯老蜜蜡面具（公元1世纪）

时价格极端昂贵的琥珀，因此，该宫殿得名琥珀宫。1716年，俄国沙皇彼得一世访问普鲁士，这座宫殿便被新任国王腓特烈·威廉一世作为俄普亲善的礼物送给了彼得一世。在琥珀宫的帮助下，普鲁士和俄罗斯结成了联盟，共同对抗瑞典。琥珀宫先是放置在俄国的冬宫。之后，便被放置在圣彼得堡郊外的凯瑟琳宫内，一直到1941年，并在苏联时期一度成为旅游胜地。琥珀宫表现了德国和俄国工匠的智慧。经过18世纪的修缮后，这个伟大的宫殿拥有超过55平方米的琥珀装饰，这些琥珀重达6吨。工匠们花费了10年的时间建造这座宫殿。

第二次世界大战时，德军迅速前进，进抵圣彼得堡（旧称"列宁格勒"）城下，琥珀宫也最终落入德军手中。德国极其重视这一无价之宝，于是在1941年10月14日将其拆下分装，并于同年的11月13日用火车将其运抵东普鲁士的哥尼斯堡，存放在城市的城堡当中对外展示。1945年初，反攻的苏军已进逼哥尼斯堡，希特勒下令对琥珀宫进行紧急转移，试图从海路将其运往德国中部。但在命令下

达之后不久，哥尼斯堡即被英国皇家空军夷为平地。1945年4月9日，苏军占领该城，却未发现琥珀宫的下落，自此琥珀宫即告失踪。

2008年的2月，在一座名为德意志新村（Deutschneudorf）——位于德国与捷克边境的小城，发现了一个20m的深坑。有人宣称，探测显示这里的一个洞穴中存放着纳粹德国统治时的2t黄金，极可能是失踪60多年的"琥珀宫"。寻找"琥珀宫"的组织推测另一种可能的位置是在魏玛东边大约30英里的山上。而德国发言人亨利·哈特告诉媒体他知道琥珀宫被藏在哪里。根据他的描述，琥珀宫和其他一些财宝被带到了魏玛，又从魏玛被带到一个名为萨菲德（Saalfeld）的小镇，并藏在一个旧的地下矿室。

早在1979年，苏联政府决定重建"琥珀宫"，并拨800万美元专款，在1999年，德国一家天然气进口公司也资助了350万美元。为了最大限度地重现"琥珀宫"当年的风采，专家们克服重重困难，只根据100多年前的照片来完成复原工作。经过近25年的努力，2003年终于重建成功，并在当年的5月31日，即圣彼得堡建城300周年纪念日当天，由时任俄罗斯总统的普京和时任德国总理施罗德为"琥珀宫"的再现剪彩。建成后的"琥珀宫"足有8m高，房间面积约100m^2，琥珀镶板面积约为90m^2，共使用了6t的琥珀，据说重建后的琥珀宫更加光辉耀眼（见图1-14～图1-18）。

图1-14 重建后的琥珀宫（一）

图1-15 重建后的琥珀宫（二）

图1-16 重建后的琥珀宫（三）

图1-17 重建后的琥珀宫一角（一）

图1-18 重建后的琥珀宫一角（二）

三、历史上琥珀的其他用途

琥珀除了用作饰品之外，还被用于很多领域。如利用琥珀提取香料，加工制成琥珀酸、漆料等；在电子工业中用作绝缘材料。

在科研方面，含有生物的琥珀是研究地质年龄、远古生态环境的珍贵标本，是地球上一部古老的史书。琥珀的科研价值主要体现在对史前古生物学的研究，包括昆虫、植物和生存的气候环境等等。最早的昆虫化石发现于距今3亿多年的泥盆纪中期，但无论是泥盆纪还是古生代和中生代的陆相沉积中，我们所看到的昆虫化石都是在受到沉积物的压力和地球内部的高温作用后形成的，它们的化石都是昆虫的几丁质外壳。这些生物往往被挤压得只剩下一层薄薄的膜痕，远不如琥珀中那些昆虫和植物保存得那么完好。通过对琥珀中昆虫化石的研究，能够了解生存于远古不同时期昆虫化石群落的面貌和当时的生存环境，研究昆虫群落的生活习性与不同的物种。其中哪些物种延续进化到现在，哪些物种早已灭绝等等。DNA的发现与研究，为生命的遗传找到了金钥匙。而DNA在温带地区留下的古生物样本中只能保存几千年，在寒冷地区最多能保存10万年。由于琥珀给昆虫样本提供了一个疏水环境，这种环境大大减慢了DNA的降解。同时，这种封闭既保存了昆虫的水分，又使它们免受外界污染。这让科学家们成功地从在黎巴嫩发现的一块琥珀中提取了鞘翅目昆虫"独角苍蝇"虫体的DNA。科学家们甚至通过对琥珀气泡中的空气进行细微研究，发现当年地球上的氧气非常丰富，这解释了那时为什么会有恐龙等大型动物的生存（见图1–19）。

此外，琥珀还是一味重要的中药，具有镇静安神、化痰止咳、解毒利尿、活血化瘀的特殊功效。

古埃及法老王木乃伊的皮下就发现有琥珀块，那时他们就懂得用琥珀来防腐。医药之父希波克拉底（公元前460~公元前377年）的著作中有关于

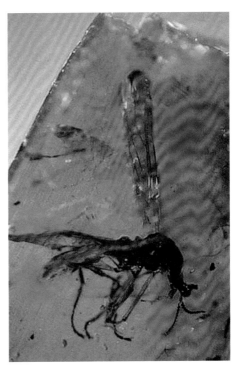

图1–19 科学家在形成于1亿年前的琥珀中发现的"独角苍蝇"

琥珀药用性质的最早的文字记载。古希腊的凯利斯特雷塔斯陈述道："紧紧围绕脖子戴上一串用细皮带或是绳子穿起来的琥珀珠链，在一些严重头疼、咽喉炎和脖子疼的病例中起到了缓解病痛的功效。而佩戴琥珀手链对患有风湿和关节炎的病人有益，还可以减轻病人的疲倦和劳累。用一大块琥珀块在身体上进行摩擦可以得到类似的治疗效果。"

中世纪，欧洲的医师用琥珀治疗溃疡、偏头痛、失眠、食物中毒、黄疸病、不孕症、气喘、瘰病、肿瘤和其他疾病。以琥珀为主原料的香油、香膏，还有将琥珀放入酒精泡出的浸剂可以用来外敷。琥珀还被用来治疗甲亢、呼吸道疾病、支气管炎、哮喘、心脏病、高血压、膀胱和胃肠疾病。1680年，中世纪时曾发生过可怕的瘟疫，瘟疫弥漫在欧洲各个城市，人们将琥珀燃烧，散发出烟雾香薰，作为预防瘟疫的手段。据记载：没有任何一名来自波兰和俄罗斯的琥珀商人死于那场瘟疫。

我国远在先秦时就发现琥珀具有"安五脏、定魂魄，消淤生血、疗虫毒破结疗、止血生肌以及安胎"等功效。早在上古的历史地理著作《山海经》中就提到过琥珀的药用功效。唐代的《药性本草》、北宋的《本草衍义补遗》、南北朝的《雷公炮灸论》、南北朝的《名医别录》都对琥珀的药用价值有明确的记载。明代的医药学家李时珍在《本草纲目》卷三十七中详述了琥珀的药用特性，并出具了用琥珀入药主治镇心明目、止血生肌，症瘕气块、产后血晕，小儿惊厥、胎痫，小便淋沥等药方。清代康熙年间的《张氏医通》、乾隆年间的《玉楸药解》都留下了琥珀治病的宝贵药方。至今，琥珀仍是现代中医学中珍贵的药材。而且有证据证明，佩戴琥珀项链、手链、戒指、吊坠等首饰和把玩手把件、摆放摆件等，都会为我们的健康带来莫大的益处。但是，经过优化处理的琥珀破坏了琥珀的原本香味，更破坏了琥珀的磁场和治疗功效，所以，经过优化处理的琥珀不在药用的推荐范围之内。这也是为什么一些人更喜欢佩戴原石和不覆膜的香珀的重要原因。

天然琥珀中含有琥珀酸，它是一种经过科学认证的现代药品中的入药成分，是生产红霉素不可缺少的原料。波罗的海琥珀含有3%~8%的琥珀酸，其含量最高的地方是琥珀的表皮层。科学研究证明，琥珀酸对人体器官有着积极的影响。它能够强壮身体，增强免疫功能，汇聚能量和平衡酸性。佩戴琥珀首饰有治疗和杀毒的作用。现代细菌学鼻祖，诺贝尔奖获得者德国罗伯特·科赫经过研究，肯定了琥珀对人体的正面作用，他还发现即使在人体吸收了大量的琥珀酸以后，积聚过量的琥珀酸对人体毫无坏处。琥珀可抗细胞老化，利用琥珀酸抑制钾离子和抗氧化。因此，从科学意义上讲，琥珀可以称为现代的"长生不老药"。在俄罗斯将琥珀制作成抗酒精和解酒的特效药，一粒含0.1g琥珀酸的药丸，大约在15分钟之内就能使醉酒者恢复常态。琥珀酸还可以应用到农业生产上，可以大幅度提高产量，使作物增产高达40%。

从琥珀中提炼的琥珀油，也是一种很有效的药物，它可以缓解蚊虫叮咬、减轻疼痛、松弛肌肉、缓解抽筋、巩固头发毛囊、去除头皮屑，让皮肤变得光滑。琥珀油有上千种益处，尤其是对风湿病的药效甚好。从白琥珀中提炼的油是最好、最昂贵的。琥珀油能很快渗透人的皮肤，深入纤维细胞组织中并能平衡正负离子，促进血液循环和消减肌肉酸痛。

欧洲民间还盛行制作和使用琥珀露。将没经过加工的50g琥珀原石磨碎，放入半升浓度为96%的酒精中，密封置于温暖处并不断摇晃，让琥珀中的有效成分释放到酒精中。两周后就形成了琥珀露。在流感盛行时，每天早上喝一杯加了3滴琥珀露的茶水可以预防流感。用琥珀露擦前胸后背，可以解除寒热病，减轻肺炎和气管炎。擦琥珀露可以减轻心律不齐、缓解心肌衰弱，治疗头疼。直接用琥珀原石摩擦颈部、太阳穴和腕关节脉搏处，也可以使症状明显减轻。

现代研究表明，琥珀的微粉化可以促进人体器官对琥珀的重点消化吸收。将琥珀与珍珠一起研成粉末使用，可以美白滋润皮肤。现代生活中会受到各种污染，这使得人体细胞间自然能量的转换和流动受到很大阻碍，影响了新陈代谢，削弱了免疫系统，但是来自琥珀的自然力量可以刺激细胞更新。俄罗斯医生尼卡拉耶夫·马斯科夫于2002年证实了这种功效。他用天然高纯度琥珀粉擦抹人体的疼痛处，获得显著疗效。其中，他用琥珀粉成功治疗了头发再生、甲状腺炎、贫血症和痔疮等顽疾。现代医学还证明，深海琥珀对现代化电器，如电脑、电视等散发的一些有害射线有很好的吸收作用。

琥珀的形成

虽然在历史上，人类很早就发现并利用琥珀，但对琥珀为何物，琥珀是如何形成的，始终不甚了解。唐代诗人韦应物在《咏琥珀》中道破天机："曾为老茯神，本是寒松液。蚊蚋落其中，千年犹可觌。"该诗生动地描述了琥珀的成因。到了近代，随着化学、物理学和地质学等现代科学的发展，人类凭借科学知识和手段，真正揭开了琥珀的神秘面纱。

天然琥珀的形成可以简单分为三个部分：树脂——柯巴（Copal）脂——琥珀。地质学研究表明，琥珀是松柏科树分泌的树脂形成的化石（见图2-1）。

图2-1　树分泌的树脂

地质学家将地球分为若干个地质时期。其中距今2.05亿~2.5亿年前的三叠纪时期，苏铁类植物和银杏得到进化和发展，蕨类植物和松科植物多样化，出现了大型动物恐龙；距今1.35亿~2.05亿年前的侏罗纪时期，鸟类得到发展，恐龙类多样化，松科植物处于优势地位；距今6000万~1.35亿年前的白垩纪时期，恐龙灭绝，开花植物发展，现代昆虫家族形成，在加拿大、法国、黎巴嫩、美国新泽西州和西伯利亚发现有此年代的琥珀生成；在6500万年前的第三纪古新世时期，出现了胎生哺乳动物和库页岛琥珀；5400万年前的始新世时期，出现了波罗的海琥珀和阿肯色州琥珀；在2300万~3400万年前的渐新世时期，出现了多米尼加和墨西哥琥珀；2800万年前的中新世时期出现了比特菲尔德琥珀。当然，随着对琥珀的不断发现和研究，有些时间段和产地也被不断更新。而在距今260万年的第四纪之后，人类才开始出现和繁殖。

中生代白垩纪至新生代第三纪时期，地球上生长着许多松柏科植物，那时的气候温暖、潮湿，但还无人类，这些树木含有大量液体树脂，树脂从树木里流淌下来落在地上。随着地壳的运动，那些原来是原始森林的大片陆地慢慢地变成湖泊或海洋而没入水下，后来树木连同树脂一起被泥土等沉积物深深地掩埋。经过几千万年以上的地层压力和热力，并在地下发生了石化作用，这时树脂的成分、结构和特征都发生了明显的变化。最后，随着地壳不断地升降运动，石化了的树脂被冲刷、搬运到一定的地方。由于水流速度的降低，在某些地方沉积下来，然后发生成岩作用，从而形成琥珀矿。

琥珀按产出环境，可以分为海珀、矿珀和湖珀三类。琥珀形成后，在漫长的岁月中历经地壳的升降迁移，风蚀日晒，冰川河流的撞击冲刷，有的露出地表，有的被再次掩埋。那些原本沉积于海床或附着在海岸岩壁的琥珀矿，由于受到日积月累的海水冲刷，汇入大海的琥珀，称为海珀（也称为海石）。在波罗的海，这类琥珀的地层位于距海岸较远的深海海底，有不少琥珀是被大海的波涛从海床中冲刷出来的，一般都在距离海岸线50英里（80.45km）的海面漂浮，其中一些又被波浪带到海岸上。这些琥珀常与海草纠集在一起，由于海水的冲刷和侵蚀，尽管外观比较光滑，但品质也受到了一定影响。据科考研究，该地区的琥珀地层的地质年代为距今4000多万年前的始新世，后又经科研推算在5000万年前的晚始新世就已经存在。最著名的海珀为德国和波兰所产。另一类为矿珀。在波罗的海，它直接采自距离地表以下45~90m的蓝泥地层中。处于密封状态的矿珀，保持了原始状态。其中与煤层伴生在一起的就叫做煤珀。第三类称为湖珀，是山谷中的琥珀原矿，历经长久的雨水穿凿，自山岩中剥落，随溪流进入下游的湖泊而得。其中以湖珀的数量最少，以矿珀的品质最佳。

最早的波罗的海琥珀沉积地点在斯堪的纳维亚半岛和塞姆兰特半岛的野生世界里。这证明琥珀森林大约在5000万年前的晚始新世就已经存在。早始新世时琥珀森林的面积非常大。到了始新世的时候，海洋已经向东升起，摧毁和淹没了琥珀森林的大片面积。另一方面，大型的河流将树脂从北方冲刷到早第三纪的浅海中，在那里，它们在巨大的三角洲安定下来，并就此得到自然的保护，不再受天气剧烈变化的影响。已知最大的琥珀沉积区域塞姆兰特半岛的蓝泥层就是这种方式形成的。但是这些琥珀矿层非常深，挖掘的代价甚高。到了距今6500万~1000万年前的晚第三纪，地理环境再次发生完全改变。海水几乎从欧洲盆地西北部全部退出，波罗的海区域重新出现了陆地。从中新世开始，斯堪的纳维亚和波罗的海平台的大型河流将碎屑沉积物向南运送到欧洲大陆西北部和德波盆地的东部，沉积成为褐煤沙地，在这种运输的过程中携带了大量的琥珀。之后，褐煤沙地带着琥珀离开第二次的沉积点，随着第三纪地层继续移动。至少经过这第三次沉积，才再次安定下来，成为今日的琥珀矿藏。

最具规模的波罗的海琥珀再沉积发生在大约200多万年前的更新世。对琥珀现在这种向东延伸到俄罗斯，向西延伸到爱尔兰和英国海岸，向南延伸到德国丘陵地带，向北扩展到斯堪的纳维亚半岛的排列走向，科学家研究表明，那些界限恰好与冰川沉积物的覆盖相吻合。大型的大陆冰河作用从斯堪的纳维亚半岛开始，穿越波罗的海盆地，把规模巨大、夹杂着琥珀沉积物的岩堆和岩石，运送到北欧平原。当冰块停顿或后退时，沉积物便不断在此处沉积下来。从冰河时代到现在，不少琥珀曾被陆地上的河流或是被大海冲刷到另一个沉积地点。全新世的这种地质运动，是后来在北方或是波罗的海沿岸漂流物中找到琥珀的主要原因。

第三章 琥珀的性质

一、琥珀的化学成分

琥珀为天然有机宝石，化学成分为$C_{10}H_{16}O$，含有少量的H_2S。主要化学元素为C、H、O、S，微量元素主要有Al、Mg、Ca、Si、Cu、Fe、Mn等。

琥珀含有琥珀酸和琥珀树脂等有机物，不同琥珀的组成有一定的差异，主要的有机物的组成（质量分数）为：琥珀酸酯69.47%～87.3%，琥珀松香酸10.4%～14.93%，琥珀酯醇1.2%～8.3%，琥珀酸盐4.0%～4.6%，琥珀油1.6%～5.76%。

二、琥珀的形态

琥珀为非晶质体，有各种不同的外形，如结核状、瘤状、水滴状等，还有一些如树木的年轮或表面具有放射状纹理。产在砾石层中的琥珀一般呈圆形、椭圆形或有一定磨圆的不规则形，并可能有一层薄的不透明的皮膜（见图3-1，图3-2）。

图3-1　琥珀原料　　　　　　　　　　图3-2　琥珀原石

三、琥珀的光学性质

1. 颜色

琥珀的颜色有浅黄色、蜜黄色、黄色至深褐色、橙色、红色、白色，少见绿色、蓝色和淡紫色（见图3-3）。

琥珀的颜色主要与所含的成分、琥珀的年代、温度等有关。琥珀受热颜色会加深，年代久远的琥珀因氧化颜色会加深。含有木屑的琥珀颜色深；含有黄铁矿的琥珀颜色深；含有大量的腐殖土会分解大量的磺酸也会加深琥珀的颜色。琥珀酸的含量越少，琥珀颜色越显得清澈透明。含有碳酸岩成分的琥珀为蓝色。

图3-3　不同颜色的波罗的海琥珀原石

根据琥珀种类的不同，经过长期佩戴后，淡黄色的琥珀的颜色会渐渐变深，而黄色琥珀会渐渐带红色。一块琥珀上可以有两种或者两种以上颜色及色调，这些不同的颜色有的能组成媲美艺术作品的图案。正因为如此，琥珀成为一种独特的宝石。

2. 光泽

未加工的琥珀原料为树脂光泽，有滑腻感，加工抛光后呈树脂光泽至近玻璃光泽（见图3-4）。

3. 透明度

从透明到半透明、不透明的琥珀都有。透明的带黄色调的琥珀被称作原色，因为新鲜的树脂就是这种颜色。所有琥珀中大约有10%是这种透明琥珀，

图3-4　树脂光泽（观察反光处）

但是一般多数都是小块的，大而透明的琥珀是非常珍贵的。透明琥珀的色调可以从黄色到暗红色，颜色的深浅取决于氧化的程度，氧化的程度越高，琥珀的颜色则越深（见图3-5~图3-7）。

图3-5　透明的琥珀（明珀）

图3-6　中心局部半透明琥珀（金绞蜜）

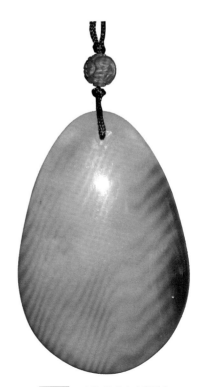

图3-7　不透明琥珀（蜜蜡）

4. 光性特征

琥珀为均质体宝石，在正交偏光镜下全消光，常见异常消光，局部因结晶而发亮。

5. 折射率

琥珀的折射率值通常为1.540，稍有变化，最低可至1.539，最高可至1.545，为单折射宝石。

6. 发光性

琥珀在长波紫外线下会发出不同强度的浅蓝白色及浅黄色、浅绿色、黄绿色至橙黄色荧光，短波下荧光不明显（见图3-8，图3-9）。

图3-8 不同颜色的琥珀在自然光（左）和长波紫外线（右）下的对比图，长波紫外线下发出不同颜色的荧光

图3-9 相同颜色的琥珀在自然光（左）和长波紫外线（右）下的对比图，长波紫外线下发出不同颜色的荧光

四、琥珀的力学性质

1. 断口

琥珀的断口呈现贝壳状，可呈树脂光泽。琥珀的韧性差，外力撞击容易碎裂，因为任何碰撞都会对它的表面美观带来影响。

2. 硬度

琥珀的摩氏硬度值很低，波罗的海的琥珀摩氏硬度约为2~2.5，用小刀可轻易刻划，甚至指甲也可以划动。中国琥珀的摩氏硬度约为3，属于最硬的琥珀，而多米尼加琥珀的摩氏硬度为2，是最软的琥珀。

3. 密度

琥珀是已知宝石中密度最轻的品种，其密度为1.08（+0.02，−0.08）g/cm³，在饱和的食盐水中上浮。透明琥珀的密度较大，不透明的琥珀密度较小，含有昆虫的琥珀密度更小。

五、琥珀的内部特征

琥珀内部常常包含有许多的包裹体，一些是肉眼可看见的。内部包裹体有动物、植物、旋涡纹、裂纹、气泡等。透明琥珀内部经常能发现圆盘状裂隙，也称作"太阳光芒"（见图3–10）。

琥珀包含的动物包裹体主要有甲虫、苍蝇、蚊子、蜘蛛、蜻蜓、蚂蚁、马蜂等多种动物，这些动物或是完整的或是残肢碎片（见图3–11~图3–13）。植物包裹体有伞形松、种子、果实、树叶、草茎、树皮等植物碎片（见图3–14）。琥珀内常见圆形和椭圆形气泡，其中蜜蜡中的气泡最多（见图3–15）。当树脂是在一个阴凉的地方产生的时

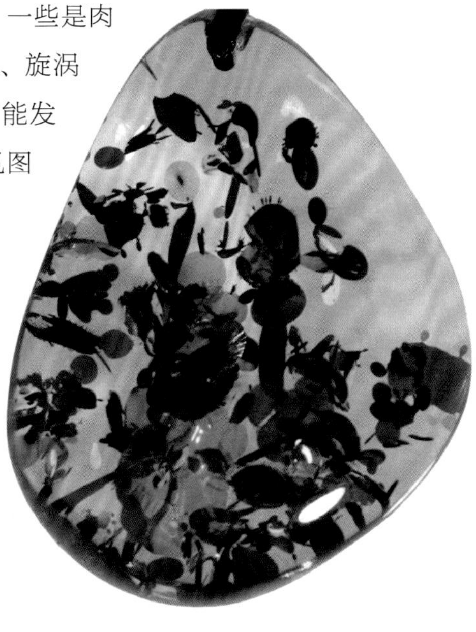

图3-10 包裹着不同颜色的圆形"太阳光芒"

图3-11 包裹着蚊子的琥珀（一）（产自多米尼加）

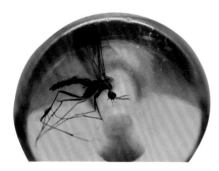

图3-12 包裹着蚊子的琥珀（二）（产自中国抚顺）

图3-13 包裹着蜻蜓的琥珀

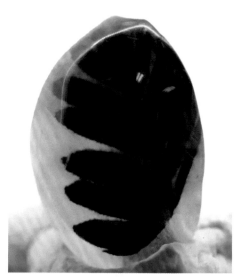

图3-14 包裹着植物的琥珀（产自中国抚顺）

图3-15 包裹着昆虫（左）和气泡（下）的琥珀

候，最后所形成的琥珀会称为透明琥珀，因为在这种情况下树脂挥发得非常缓慢，不会产生大量气泡而使琥珀变得浑浊，从而保持了透明的状态。如果树脂是连续不断地流出并互相叠合在一起，则会在琥珀中形成许多小气泡，之后进行热处理而变成圆盘状裂隙，也称"太阳光芒"。旋涡纹多在昆虫或植物碎片周围出现。裂纹在琥珀中经常可见，而且多被褐色的铁质和黑色的杂质充填。杂质常充填在琥珀的裂隙和空洞中，这些杂质主要是些泥土、砂砾和碎屑等（见图3-16）。

图3-16 包裹着黑色不透明的物质的琥珀

六、琥珀的其他性质

1. 导电性

琥珀是电的绝缘体，与绒布摩擦能产生静电，可将细小的碎纸片吸起来。有时琥珀被称作"electron stone"，就是因为摩擦生电而得名。

2. 导热性

琥珀的导热性差，有温感，加热至150~180℃开始软化，当温度达到250~375℃时将完全熔化。也就是说琥珀加热至250℃时熔融，产生白色的蒸气，并发出一种松香味。不同地域的琥珀熔点略为不同，燃烧时出现亮黄色的火焰。

3. 溶解性

琥珀易溶于硫酸和热硝酸中，部分溶解于酒精、汽油、乙醇和松节油中。

琥珀的种类

目前，我国珠宝玉石行业国家标准关于琥珀还没有进一步的分类，但是在行业中常根据琥珀的成因、产地及不同特征，并结合一些商业习惯来称呼。琥珀主要的类型有蜜蜡、血珀、金珀、金绞蜜、香珀、虫珀、石珀、蓝珀、绿珀和植物珀等，另外还有灵珀、花珀、水珀、名珀、蜡珀、红松脂、白琥珀等其他类型。

一、蜜蜡

过去，人们一直认为琥珀和蜜蜡是不同种类的宝石。根据GB/T 16553—2010《珠宝玉石　鉴定》国家标准，蜜蜡属于琥珀的一个品种。

蜜蜡属于半透明－不透明的琥珀，有各种颜色，其中金黄色、棕黄色、蛋黄色等黄色最为常见。有蜡感，光泽以蜡状光泽至树脂光泽为主，也有玻璃光泽的。有时呈现出玛瑙一样的花纹。由于内部含有大量的气泡，当光线照射时，其中的气泡使光线发生散射作用，这时蜜蜡呈现不透明的黄色。蜜蜡中每立方毫米大约能有2500个直径为0.0025~0.05mm的微小气泡。气泡的数量越多，蜜蜡的颜色越浅（见图4-1~图4-3）。

图4-1　蜜蜡

图4-2　蜜蜡雕件

图4-3　蜜蜡108粒佛珠手串

琥珀行业中，也常常听到"千年琥珀，万年蜜蜡"的说法，是指蜜蜡形成的时间比琥珀长，这种说法并不正确。经过仪器检测，波罗的海的蜜蜡有些形成于5000万年前，而缅甸产出的琥珀则形成于亿万年前。因此，蜜蜡并不一定比透明的琥珀形成的时间长。

二、血珀

天然血珀，顾名思义，就是颜色像血的红色琥珀，也称红琥珀或红珀。血珀是红色的，透明，色红像血一样的是琥珀中的上品。

血珀有天然血珀、天然翳珀（也称瑿珀）和烤色血珀。天然形成的红色琥珀极其稀少，大概占总量的0.5%。红色形成是因为在长期沉积的过程中，沁入了朱砂、铁矿或锰等物质。而市场上销售的这种红色琥珀大多是靠人工热处理来获得的（人为加速氧化）。当然，在空气中自然氧化也会逐渐改变琥珀的颜色，"老"琥珀的颜色都是经过了非常漫长的时间历练而变得更红。如果能感觉到颜色有明显的改变大概需要50~70年时间。因这种血珀造假困难，产量稀少，所以价格也很高。天然翳珀在普通光线照射下为黑色，透射光下或强光下是红色的（见图4-4~图4-6）。

血珀质量优劣，主要是看其颜色、透明度和净度（血珀内部是否有杂质）。同样是血珀，如果颜色鲜红、透明度高、内部毫无杂质者为上品。其中以樱桃红色和酒红色最为贵重。翳珀价格较红色琥珀低。

图4-4　血珀原石（透过光线，可看到里面的红色）

图4-5　血珀吊坠

图4-6　黳珀随形手串

三、金珀

金黄色透明的琥珀，其特点是金灿灿如黄金的颜色，散发着金色光芒，透明度非常高，是最名贵的琥珀（见图4-7，图4-8）。

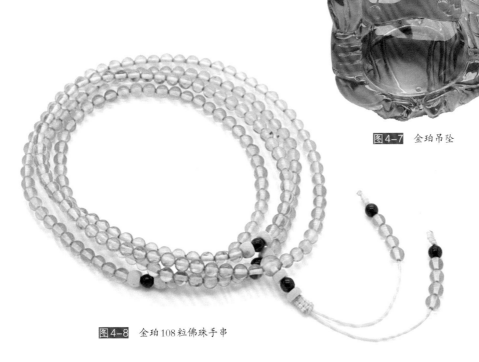

图4-7　金珀吊坠

图4-8　金珀108粒佛珠手串

四、金绞蜜

金绞蜜是指透明的金珀和半透明的蜜蜡相互绞缠在一起，形成一种黄色的具绞缠状花纹的琥珀。一般外层为金色透明的，而内部为不透明的。虽然自然界也存在天然形成的金绞蜜，但是市场上常见的多是优化品种（见图4-9~图4-11）。

图4-9　金绞蜜吊坠（一）

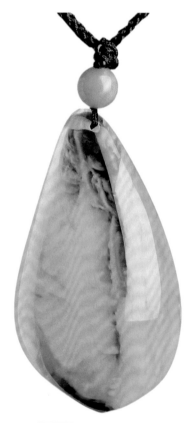

图4-10　金绞蜜吊坠（二）

图4-11　金绞蜜吊坠（三）

五、香珀

香珀是具有香味的琥珀。但现在市场上有好多琥珀是由于加了香料而称为香珀。

六、虫珀

虫珀是指含有动物遗体的琥珀，其中包含小的动物遗体如蚊子、蜜蜂、苍蝇等最为名贵（见图4-12~图4-14）。

图4-12　虫珀（一）（产自波罗的海）

图4-14　虫珀（三）

图4-13　虫珀（二）（包裹着蜘蛛）

这些小昆虫是如何被包裹在琥珀里的呢？这是一个比较复杂，又非常巧合的过程。当黏稠状的树脂沿着树干流淌下来，在树脂凝固之前，恰好有无意飞过的昆虫不留神被粘在树脂上，或者是昆虫闻到树脂的香味而飞来，本想美美地饱餐一顿，结果被树脂粘住。接着，树干上的树脂又沿着先前的路线流下来，昆虫耗尽所有力气进行挣扎，最终也没能从树脂中逃脱，最后就成为了琥珀中的昆虫。后来经过地质作用，早先的树木连同树脂一同被埋在地下，经过千万年的变迁，就形成了今天我们看到的琥珀。其中以"琥珀藏蜂""琥珀藏蚊""琥珀藏蝇"等较为珍贵。不可思议的是，有的琥珀中却含有水生的动物。德国柏林国家历史博物馆的专家认为：数百万年前，许多树脂从远古松树林上落下，其中靠近池塘的松树落下的许多树脂都掉在池塘之中，这些树脂因无法与水相溶而漂浮在水面上。在池塘中栖息生存着许多微小的水生动物，当它们游动时，很容易接触到落在水面上的树脂，树脂的强黏合性将这些小动物粘住，它们越用力挣扎，树脂就越紧紧地将它们包裹住，最终小动物在树脂的包裹下慢慢死去，形成了现在含有水生动物的虫珀。

七、石珀

石珀是指有一定的石化，硬度比其他琥珀大，色黄而坚润的琥珀。

八、蓝珀

蓝珀相当罕见，价值极高。正常情况下，蓝珀看上去并不是蓝色的，而是棕色中带有点紫色。在普通光线下转动，在角度适合时，则呈现蓝色；当角度变换时，蓝色又会消失；当光源置于其后方时，琥珀的光线最蓝。这是因为光线发生了散射。另外，含有杂质较多的蓝琥珀的蓝色更加明显。蓝珀以产于中美洲多米尼加而著名。蓝珀是最为稀少、最有价值的琥珀，仅占总量的0.2%，有时与白色琥珀伴生（图4-15～图4-17）。

图4-15　蓝珀原石（一）

关于多米尼加蓝珀的起源与形成过程，学者们提出了诸多理论，有观点认为是火山爆发时的高温使琥珀变软，并使附近的矿物融入其中，冷却后琥珀再次形成。另一观点认为，多米尼加蓝珀的形成是由于松柏科树脂中含有碳氢化合物，由于这些碳氢化合物使得多米尼加琥珀形成了与众不同的蓝色。同时，含有芳香族的碳氢化合物给多米尼加的蓝珀增添了一股芳香气味。当对蓝珀进行加工和雕刻时，这股芳香味格外沁人心扉。这也是琥珀品种中，独一无二的特征。蓝珀还有一个特征，它极少含有昆虫、植物、气泡等。人们曾经发现极少数蓝珀内含有昆虫，但这些昆虫都已经被极度压缩至几乎不可辨。

图4-16　蓝珀原石（二）（产自多米尼加）

图4-17　蓝珀（在普通光线下观察到的蓝色）

九、绿珀

绿珀是指绿色透明的琥珀。当琥珀中混有微小的植物残枝碎片或硫化铁时，琥珀会显示绿色。绿珀是很稀少的琥珀，约占琥珀总量的2%，而市场上销售的绿珀大多数都经过了优化处理（见图4-18，图4-19）。

图4-18 绿珀原石

图4-19 绿珀戒指

十、植物珀

植物珀是指包含有植物（如花、叶、根、茎、种子等）的琥珀（见图4-20，图4-21）。

图4-20　植物珀（一）

图4-21　植物珀（二）（产自波罗的海）

十一、其他种类的琥珀

1. 灵珀

灵珀是指黄色透明的琥珀，是名贵的优质品种。也有人把包裹着昆虫和植物的琥珀称为灵珀，认为这是有生命的琥珀。

2. 明珀

明珀是指颜色极其淡雅的且透明度极高的琥珀，颜色为黄色或红黄色，比金珀颜色浅，个别的近似于无色，质地晶莹润泽。

3. 水珀

水珀是指内部含有水滴的琥珀，也被称为"水胆琥珀"。水胆琥珀里所包含的水分通常为几千万年前的水，是比较珍贵的一个琥珀品种。水胆琥珀的形成是由于琥珀形成初期的树脂遭受降雨，树脂把雨水包裹起来，随着地壳变动被埋于地下几千万年，其中遭遇地质运动，大部分水滴随之破裂或蒸发，只有极少数幸运完整地保存下来，形成如今的水胆琥珀。一般来说水胆琥珀的水胆均比较小，主要是因为松脂密度小、硬度低，容易受到地壳变动等外力的挤压变形，绝大部分的水胆都会破裂难以保存（见图4-22）。

图4-22　水胆琥珀

4. 花珀

　　花珀是指黄白或红白相间、颜色不均匀的琥珀。现在更多的人将内部包裹着有"太阳光芒"的琥珀称为花珀，根据颜色又分为金花珀和红花珀。这种花珀并非天然形成，而是经过人为的优化处理形成的。一般是金珀经过处理变成花珀，行内称为"爆花"，即通过高温高压等一系列的处理方式使金珀内产生如太阳花状的包裹体（见图4-23，图4-24）。

图4-23　花珀吊坠

图4-24　双色花珀吊坠

5. 红松脂

红松脂为淡红色，性脆，半透明且浑浊。

6. 白琥珀

白琥珀也是很稀少的琥珀，约占总量的1%~2%，以其天然多变的纹路为特征。这种琥珀也被称为"皇家琥珀"或者"骨珀"。它可以与多种颜色琥珀伴生，如黄色、黑色、蓝色和绿色，形成美丽的图案。这种琥珀每立方毫米含的气泡数可以达到100万个，直径为0.0008~0.001mm，由于对光的散射，从而使琥珀变成白色（见图4-25，图4-26）。

图4-25　白琥珀原石

图4-26　白琥珀108粒佛珠手串

国家标准GB/T 16552—2010《珠宝玉石名称》将琥珀分为蜜蜡、血珀、金珀、绿珀、蓝珀、虫珀、植物珀七个类别，而实际上，这七个类别远远不能涵盖琥珀这种有机宝石的全部分类。抚顺琥珀中的花珀、瑿珀、杂质珀、伴生珀，缅甸琥珀中的根珀、茶珀，波罗的海琥珀中的香珀以及各产地琥珀中的水胆珀、黑珀等都是国家标准确定的七个类别所不能涵盖的。目前琥珀市场成交活跃，各类琥珀充斥市场，民间对琥珀分类定名较为细致，分为金珀、明珀、棕珀、棕红珀、金棕珀、紫罗兰金红珀、血珀、蓝珀、绿珀、柳青珀、瑿珀、黑珀、花珀、茶珀、红茶珀、绿茶珀、黄茶珀、变色龙珀、蜜蜡、溶洞蜜、金绞蜜、珍珠蜜、白蜜、根珀、半根半珀、虫珀、灵珀、火珀、香珀、石珀、泥珀、植物珀、水胆珀、肖形珀、杂质珀、伴生珀等类别。这种分类满足了市场销售、藏家和消费者的细致分类要求，但客观上也存在较大随意性。特别是存在大项小项并列分类、相同品种重复分类等问题。以蜜蜡为例：蜜蜡是大项，涵盖了不同的蜜蜡种类，其项下可分为金绞蜜、珍珠蜜、溶洞蜜、白蜜，甚至还有棕蜜、血蜜。将后几项所列蜜蜡种类与蜜蜡并列分类，显然是大小项不分，主次不分。还有，灵珀涵盖了虫珀、植物珀、水胆珀、肖形珀；根珀涵盖了半根半珀、白根珀；茶珀涵盖了红茶珀、绿茶珀、黄茶珀和变色龙珀；棕色珀涵盖了棕红珀、金棕珀、紫罗兰珀等。

一、琥珀的鉴别方法

琥珀的鉴定相对于其他宝石是比较难的，但通过大量的实践和仔细的观察，再结合一些方法，还是能够将琥珀鉴别出来，其具体鉴别方法如下：

1. 肉眼观察

琥珀透明温润，从不同的方向观察琥珀有不同的效果，琥珀仿制品通常是很透明或者不透明，颜色呆板，感觉不自然。再造琥珀内部的气泡通常会被压扁而变成长条形，天然琥珀中的多为圆形。

2. 密度值测试

琥珀的密度为$1.08g/cm^3$，质地轻，可在饱和的食盐水中上浮，其他如塑料类仿制品则在饱和食盐水中下沉。

3. 加热或热针测试

用火焰直接烧烫琥珀的表皮，会散发出松香味、颜色变黑。也可用一根细针，烧红后刺入琥珀，然后趁热拔出，若产生黑色的烟及一般带有松香气味的就是真正的琥珀。若是冒出白色的烟并产生塑料辛辣味，则是塑料制品。此外，塑料制品会局部熔化并粘住针尖，在拔出针时产生"拔丝"的现象，琥珀则不会。

4. 乙醚测试

在不影响琥珀外观的不起眼的位置滴一滴乙醚，停留几分钟，或用手搓，琥珀不会有任何反应，而柯巴脂则会受腐蚀变黏。乙醚挥发后，琥珀不会有任何反应，而柯巴脂的表面则会留下一个烧蚀的斑点。在这个测试中，由于乙醚挥发很快，需要一大滴乙醚，或者在测试过程中不断地补充乙醚，测试现象才会明显。再造琥珀虽然外观很接近天然琥珀，但是如果滴上一滴乙醚，几分钟后也会有发黏被溶解的现象。

5. 红外光谱测试

使用红外光谱仪可以用来鉴别琥珀，琥珀的特征吸收峰是位于$1737cm^{-1}$和$1157cm^{-1}$左右的强红外吸收谱带，以及位于$1456cm^{-1}$和$1384cm^{-1}$左右曲线相对比较平滑的吸收谱带。柯巴脂的红外光谱的主要峰位发生偏移，是在$3078cm^{-1}$出现的不饱和氢的特征吸收峰。

6. 折射率值测试

琥珀是一种非晶质体宝石，为单折射，其折射率值通常为1.540。而一般塑料仿制品的折射率为1.50~1.66，绝大多数高于琥珀的折射率。

7. 可切性测试

在琥珀原石或者琥珀成品不显眼处，用小刀轻轻地切削，这时琥珀上被切削的部分会发生崩缺现象，所以我们说琥珀是不可切的，但是塑料仿制品则不会发生这种现象，塑料仿制品很容易被切削。需要注意的是，这种测试为破坏性测试，在成品琥珀上慎用。

二、琥珀与其仿制品的鉴别

提到仿制品，消费者往往深恶痛绝。实际上仿制品在一定程度上可以满足人们美化生活的愿望，消费者可以通过较低的价格得到和天然饰品一样的装饰效果，有时甚至超过天然饰品。让人痛恨的是，一些不法商家唯利是图，他们以假充真、以次充好。其实，世界上各国仿制琥珀很早以前就出现了。波兰的琥珀仿制品出现于20世纪40年代，当时许多小型私人作坊，制造琥珀仿制品。目前，市场上常见的琥珀仿制品主要有：玻璃、玉髓、松香、柯巴脂和塑料等。

1. 玻璃、玉髓仿琥珀

玻璃是较古老的琥珀仿制品。今天，玻璃仿琥珀是通过添加镉、钛等颜料到玻璃液中铸成的。一般来说，市场销售的都是较小的玻璃、玉髓仿制品，如项链、佛珠等。用玻璃、玉髓仿制品制成的佛珠看上去很像琥珀，且它们不易磨损和破裂。但事实上，使用天然琥珀制作的佛珠在人们进行祈祷祝福时是对人体有益的，这是因为琥珀内含有的琥珀酸可穿透皮肤促进血液循环，舒缓肌肉关节与精神紧张（见图5-1~图5-3）。

琥珀与玻璃、玉髓在温度和密度上有很大的区别：琥珀有温感且轻；玻璃有凉感且重，所以在购买的时候很容易将两者区分开。此外，玻璃、玉髓的摩氏硬度值都比琥珀高，在饰品不显眼的地方用小刀刻划，琥珀很容易被划动，并留下划痕；而玻璃、玉髓则不会留下任何痕迹。另外，它们的光泽也有差异，玻璃、玉髓为玻璃光泽，而琥珀则为树脂光泽。

图5-1 中世纪的玻璃仿琥珀首饰（意大利制作）

图5-2 玉髓耳饰

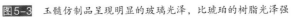

图5-3 玉髓仿制品呈现明显的玻璃光泽，比琥珀的树脂光泽强

2. 松香仿琥珀

松香是松树的含油树脂蒸去了挥发的松节油后残留下的透明固体物质，是一种未经过地质作用的树脂，多用作工业原料。

松香为淡黄色、不透明、呈现树脂光泽，质轻、硬度小、导热性差，用手可捏成粉末，密度与琥珀接近。表面有许多油滴状的气泡，在短波紫外线下有强的黄绿色荧光，燃烧时发出芳香味。琥珀呈透明到不透明状，用手捏不动。一般琥珀经过了加热处理内部少有气泡，多为圆盘状裂隙。多数蜜蜡内部含有气泡，而且蜜蜡里的气泡是成群的密密麻麻的小气泡（见图5-4~图5-6）。

图5-4 松香

图5-5 松香（表面有大量裂纹）

图5-6 松香吊坠

3. 柯巴脂仿琥珀

柯巴脂是一种天然树脂，来自植物汁液，特指前哥伦布时期中部美洲文化中用于仪式烧香和其他用途的芳香类树脂。通常，柯巴脂是指聚合过程中间阶段的亚化石树脂，其硬度在一般树脂和琥珀之间，其地质年代距今很近，约为100万年，是琥珀的前身。

图5-7　柯巴脂（一）

它由于含有昆虫和其他包裹体，常被当作琥珀销售（见图5-7）。

当把柯巴脂放置在光和空气中，它会慢慢退化，表面在较短时间内产生小的网状细纹。这种变化在琥珀里也会出现，但要花费更长的时间。而琥珀的颜色会慢慢地变成深褐色、橙色，而柯巴脂则是慢慢地变黄。

柯巴脂的产地有：哥伦比亚、巴西、菲律宾、澳大利亚、马达加斯加、印度尼西亚、加里曼丹岛等。一般埋入地下的时间只有几百万年，多米尼加Bayaguana地区的柯巴脂有1500万~1700万年，但它很脆，不能切磨。柯巴脂分为两种：一种是距今100万~1000万年的天然树脂，尚未被完全石化，被称作"真柯巴脂"。它们来自东非、哥伦比亚、新西兰和多米尼加等地。另一种是生柯巴脂，是现代的产物（见图5-8~图5-11）。

图5-8　包裹着大量昆虫的柯巴脂（产自马达加斯加）

图5-9　柯巴脂（二）（右图为在显微镜下可看见的包裹着的昆虫和植物碎片）

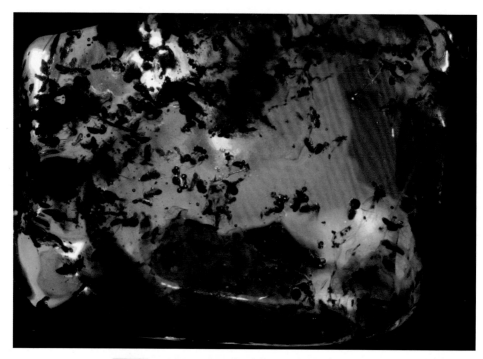

图5-10 包裹着大量昆虫的柯巴脂（一）（产自哥伦比亚）

图5-11 包裹着大量昆虫的柯巴脂（二）（产自哥伦比亚）

在柯巴脂上滴一滴乙醚，用手搓，立即出现黏性斑点。柯巴脂对酒精更为敏感，在其表面滴酒精或冰醋酸后会变色发黏或不透明。柯巴脂发出白色荧光，比琥珀的荧光强度更强。在红外光谱仪上，是以3078cm^{-1}出现的不饱和氢的特征吸收峰，与琥珀特征吸收峰的位置有差异来鉴别。针对柯巴脂中的不饱和成分的这种特性，有商家将柯巴脂放入加热设备中，采用加温加压的方法，使其内部的不饱和成分逸出，人为地加速其石化过程。处理后的柯巴脂颜色变深、无粘手感，外观几近完美，肉眼无法辨别。经过这种处理的柯巴脂成本低、鉴定难度大。早期利用这种方法处理的柯巴脂呈不同深浅的绿色，主要用于仿绿珀，从颜色上易于鉴别。而近期这类处理品的颜色丰富，从黄色到棕红色，从透明到不透明，几乎囊括了琥珀常见的所有颜色，仅靠外观已经无法辨别。

有时，市场上商家说的新旧琥珀中，旧琥珀即为真正的琥珀，新琥珀则为柯巴脂。柯巴脂的价值比真正的琥珀低，消费者在购买时要注意区分。

4. 塑料仿琥珀

塑料是指以高分子量的合成树脂为主要组分，加入适当添加剂，如增塑剂、稳定剂、阻燃剂、润滑剂、着色剂等，经加工成型的塑性（柔韧性）材料，或经固化交联而形成的刚性材料。塑料的种类很多，可作为琥珀仿制品的塑料有酚醛树脂（电木）、赛璐珞、Polimal 109合成树脂、聚苯乙烯、聚酯树脂。

图5-12 塑料珠

不同时期、不同国家选用不同种类的塑料，来制作琥珀的仿制品（见图5-12~图5-16）。

图5-13 塑料桶珠（纹理比较生硬，纹路比较死板，不灵活，走向也比较规矩）

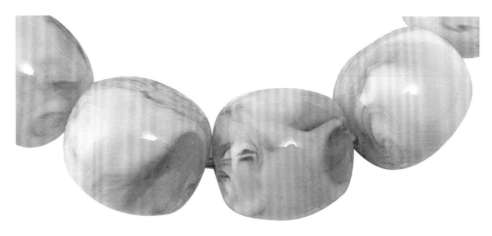

图5-14　塑料桶珠（纹理有搅动的痕迹）

图5-15　塑料仿制品戒指（仿蜜蜡）

图5-16　各种颜色的塑料仿品

（1）酚醛树脂

酚醛树脂从前被广泛用于制作琥珀的仿制品，这些琥珀仿制品材料第一次世界大战后至第二次世界大战期间在普鲁士的德国工厂和波兰格但斯克大量制作。因为当时琥珀非常昂贵，而人们在经过第一次世界大战之后变得十分贫穷。1920年，琥珀仿制品变得相当便宜和流行，主要的生产厂家是哥尼斯堡的琥珀工厂，这也是两次世界大战时期最大的琥珀工厂。

向酚醛树脂中加入添加剂改变其性质来制作琥珀的高仿真品，加工制作成时尚的仿琥珀首饰。例如，20世纪初模仿史前古器物的深红色的血珀项链，被陈列在博物馆里作为"古董琥珀"。

近几年，市场上出现了被称作"中东蜜蜡""贵族蜜蜡"等的各种首饰制品，其实是为了让塑料仿品更具迷惑性（见图5-17~图5-19）。

图5-17 中东蜜蜡（一）

图5-18 中东蜜蜡（二）

图5-19 各色的中东蜜蜡

（2）赛璐珞

赛璐珞属热塑性塑料，容易压模制成。从19世纪末开始，它就被用来做琥珀的仿制品。这种材料被用来做成仿制琥珀烟斗，在20世纪初非常流行。还有的做成供婴儿用的出牙嚼器，对健康非常有害。而且赛璐珞极易燃烧，摩擦等都容易使其燃烧，因此，现在这种琥珀仿制品在市场上已经不存在了。然而，出现了以赛璐珞为基础但已获得重大改进的塑料——改性赛璐珞，其成分为醋酸纤维树脂。它的问世使得仿制者可以制造出难以辨认的仿制琥珀原石块。有时候，在销售大批量的琥珀原石时，有些是仿制的，它们是仿制得很逼真的塑料块。

（3）Polimal 109合成树脂

在1960年左右，在波兰的一间大型车间里，使用合成Polimal 109合成树脂来仿制琥珀，这是制作琥珀仿制品的转折点。Polimal 109合成树脂的颜色为金黄色、透明度高，外观看上去与琥珀很像。

当时，它被用来修复古董琥珀制品，并被认为是最好的修复材料，还可以替代首饰盒、家具上已经丢失的琥珀元件。另外，使用Polimal 109合成树脂时，在其中加入小颗粒的天然琥珀。

（4）聚苯乙烯

1960年后，天然琥珀的原料仍然十分短缺，人们开始使用聚苯乙烯来作为琥珀的仿制品。在波兰，聚苯乙烯树脂琥珀仿制品最为常见。在俄罗斯加里宁格勒地区，人们尝试将聚苯乙烯和研磨得很细的琥珀粉末混合，作为制造项链和手链的原料。在自然的环境中加入粉末会制成浅黄色的产品，然而在氮环境中烤制后会变成绿色，这使其保持树脂的透明度。粉末在空气中烤制时变成红色，制成近似老琥珀的产品。

要区别近来在市场上出现的由聚苯乙烯制成的带有"太阳光芒"的琥珀仿制品非常容易。加热的时候，它们会散发出聚苯乙烯特有的味道，而没有琥珀特有的芳香味。

（5）聚酯树脂

在市场上常见质量非常完美、制作需要耗费大量原料的仿琥珀首饰，有时这种首饰的价格会跟天然琥珀饰品的价格比较接近。

聚酯树脂是现代用得最多的制作琥珀仿制品的材料，因其制作工艺简单、透明性高、化学性质相对较稳定而被广泛使用。

（6）"马丽散"

"马丽散"是一种低黏度、双组分合成高分子材料。最初的"马丽散"是一种注浆人工树脂。采矿人用高压灌注的方法，将其注入煤层、岩层或混凝土裂缝中，它膨胀（或遇水膨胀）后会把缝隙填满，以达到加固、止漏的目的。后来将其与煤层一起开采出来，以"原石"形态出现——常在表面粘有煤和岩石，与天然产自煤层等中的"矿珀"非常相似，非常具有迷惑性（见图5-20，图5-21）。

图5-20 带煤层的"马丽散"

图5-21 "马丽散"手镯

虽然塑料仿制品在颜色、温感、电性等方面与琥珀十分相似，然而这些材料的折射率和密度与琥珀不同，因此，可通过物理性质加以区别，主要鉴别特征有以下几点：

（1）塑料的折射率为1.50~1.66，只有极少的塑料接近琥珀的折射率。

（2）塑料的密度比琥珀高，在饱和食盐水中，琥珀上浮，而几乎所有的塑料仿制品都下沉（除了聚苯乙烯，其密度为1.05g/cm³）。

（3）塑料的可切性特点与琥珀的不同。在样品不显眼部位，用锋利的刀刃切割，塑料会成片剥落，而琥珀则产生缺口和粉末。

（4）塑料和琥珀对火焰的反应也不同。塑料散发出刺鼻的味道，而琥珀则发出芳香味。

（5）几种常见塑料仿制品的具体鉴别特征有：①酚醛树脂，折射率和密度均高于琥珀，在紫外荧光灯下有时发出褐色荧光，可在其不显眼处切下一小块碎屑置于水中加热，会发现酚醛树脂微溶，而琥珀则不溶于热水。②赛璐珞，折射率和密度均高于琥珀，在紫外荧光灯和X射线下均显示一种微黄白色荧光，非常易燃，燃烧时发出樟脑味。③安全赛璐珞，在短波紫外荧光灯下有强的黄绿色荧光，可燃烧，燃烧后发出醋味。④聚苯乙烯，密度低于琥珀，在饱和食盐水中也上浮，极易溶于甲苯。

（6）天然虫珀及其仿制品的鉴别：人工制作的虫珀是用一种高分子材料——甲基丙烯酸甲酯制成的，其内部包裹着昆虫等小动物。它与天然虫珀的区别在于：天然虫珀中的昆虫是立体的，生态自然，有的大些的昆虫嘴边甚至会有挣扎时留下的小气泡；人工制作的虫珀中的昆虫是经过处理的，被压得很扁，然后再填塞到塑料内，因此，昆虫的形态呆板（见图5-22）。

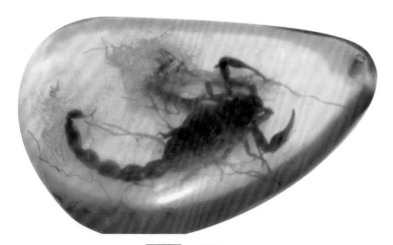

图5-22 塑料仿虫珀

三、琥珀优化处理品的鉴别

目前，市场上中低档琥珀需求量很大，特别是一些流行饰品的用量较大，而许多天然琥珀的质量欠佳。为了提高琥珀的质量或利用率，常对琥珀进行优化处理，经过了优化处理之后的琥珀，其外观或耐久性得到了改善。

随着新工艺的发展，国家标准GB/T 16552—2010《珠宝玉石　名称》和GB/T 16553—2010《珠宝玉石　鉴定》，根据市场上出现的不同优化处理品种的琥珀饰品的实际情况，增加了琥珀的常见优化处理方法及其类别。随着琥珀消费市场的升温，琥珀的价值日渐升高。不同优化处理方法的琥珀有着较大的价格差异，区分优化处理的方法及种类可以规范琥珀市场，防止以次充好，维护消费者和商家的利益（见图5-23）。

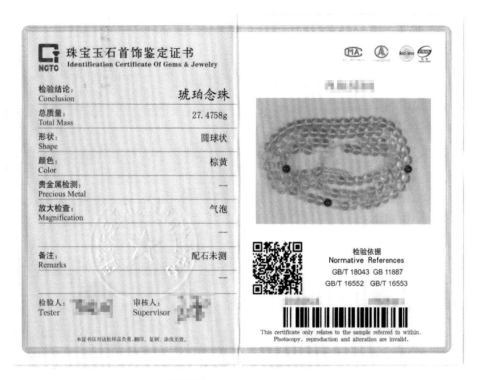

图5-23　天然琥珀的鉴定证书

1. 琥珀的优化

根据GB/T 16552—2010《珠宝玉石　名称》国家标准，琥珀常见的优化方法有：热处理、压固和无色覆膜。

（1）热处理

琥珀热处理的主要目的是为了增加琥珀的透明度，隐藏其内部的瑕疵，改变琥珀的颜色，或使其颜色均匀而达到美观的视觉效果。

为了增加琥珀的透明度，可以将云雾状的琥珀放在植物油中加热，加热后的琥珀变得更加透明。在这个过程中，琥珀中的气泡会因温度变化而膨胀或破裂，因而形成了不同形状的内部花纹，俗称"太阳光芒"或"睡莲叶"。通常我们所看到的"太阳光芒"或"睡莲叶"就是在加热过程中产生的圆盘状裂隙。这些裂隙不仅没有影响琥珀的质量，反而能增加琥珀的美观，在光线的照射下，这些裂隙闪闪发光，这种处理方式也就是所说的"爆花"。此过程是一个加速琥珀内部净化的过程，与琥珀在自然环境中发生的情况相似。琥珀在自然环境中也会因地热而发生爆裂，但在自然条件下由于受热不均匀，气泡不可能全部爆裂，而人为加热的琥珀气泡则全部爆裂，因此内部不存在气泡（见图5-24，图5-25）。

所有经过热处理的琥珀是属于"优化"的，因为对琥珀本身的物质成分没有带入或带出，因此无需做任何说明，可以作为天然琥珀销售。

（2）压固

因为树脂凝固的时间不同，可能形成分层，带分层的琥珀被称为分层琥珀，每一层琥珀都有明显的分界线。这种琥珀最大的缺点就是脆性大，极易碎，难于雕

图5-24 加热后产生的"太阳光芒"（一）　　图5-25 加热后产生的"太阳光芒"（二）

刻。所以，在加工该种琥珀之前，需要对其进行压固处理，使各分层界面之间重新熔结变牢固。分层琥珀原石经压固处理变致密，增加其耐久性，使琥珀变大，便于雕琢，也使琥珀变得完整、完美，同时增加琥珀的重量。这种处理方法的原理与再造琥珀的形成原理相同，但它们之间是有本质区别的。压固琥珀的材料是天然的分层琥珀，再造琥珀的材料是琥珀碎片，所以两者不能混为一谈，应仔细区分。天然琥珀放大检查时，可见类似"血丝"状构造的流动状红褐色纹，多保留有原始表皮及孔洞，可与再造琥珀相区别（见图5-26，图5-27）。

经过压固的琥珀在鉴定证书上需要标注经过压固处理。

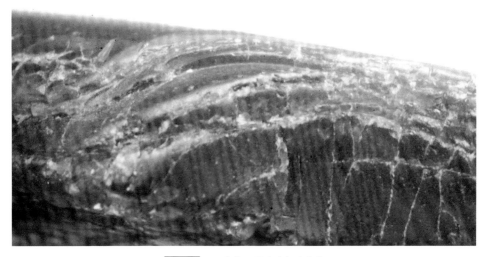

图5-26　压固处理明显的分层结构

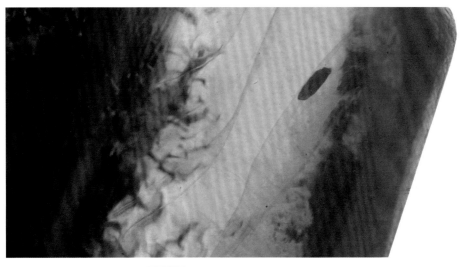

图5-27　压固处理后留下的褐红色纹理

（3）无色覆膜

将调制好的无色漆或无色胶，均匀地涂抹或喷涂在琥珀的底部或表面，以改善琥珀的耐久性和表面的光泽度，突出其美观。覆无色膜的琥珀表面光泽强，光洁度好。如长久佩戴或清洗不当，会使表面呈不透明的乳白色，或出现局部脱落现象（见图5-28）。

由于覆无色膜的琥珀只是改变了琥珀的外观，没有改变琥珀的内部结构和化学成分，也没有改变琥珀的颜色，故将其划分到"优化"类别是可以理解，也可以被大众所接受，但在鉴定证书上也需标注"表面覆无色透明膜"（见图5-29）。

图5-28 覆无色膜可见明显的气泡

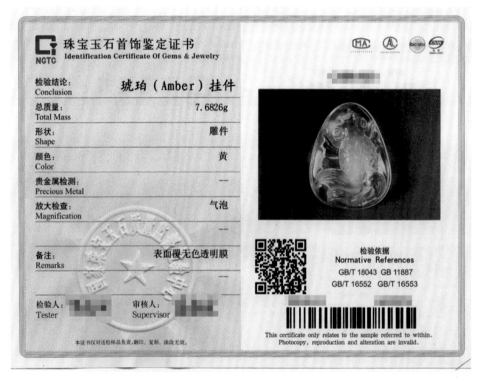

图5-29 表面覆无色透明膜琥珀的鉴定证书

2. 琥珀的处理

（1）有色覆膜

有色覆膜处理的方法和原理与无色覆膜处理是基本相同的，只是使用的是有色的漆或胶。但是和无色覆膜不同的是，有色覆膜改变了琥珀的颜色，在某种程度上说具有一定的欺骗性，因此，将有色覆膜划分到"处理"范畴，在销售时需要进行声明，并且其价值也与天然琥珀有差异。

常见覆膜琥珀主要有两种：一种是底部覆有色膜，增强浅色琥珀中"太阳光芒"的立体感；另一种是表面覆有色膜，来改善琥珀的颜色（见图5-30~图5-32）。

有色覆膜琥珀的鉴别特征：①放大观察可见覆膜琥珀表面颜色层浅，无过渡，着色不均匀，且经常留有喷涂痕迹。②显微镜下一些琥珀表面的凹坑处或雕刻线处可见凝固的调漆或胶，有时还可以见到气泡；琥珀的表面有许多小的突起，表面不光滑。③在琥珀钻孔的周围或不显眼的地方，用针尖轻划，表面的调漆很容易被划起并见到调漆下的琥珀。浸泡在丙酮溶液中，覆膜有时会成片脱落。④覆有色漆的琥珀的折射率一般为1.51~1.52，琥珀一般在1.54左右。⑤红外光谱能检测出薄膜的成分，可与琥珀区分开。

图5-30 表面覆有色膜
（膜破损处露出琥珀原本的颜色）

图5-31 底部覆有色膜的琥珀
（增强雕刻图案的立体感）

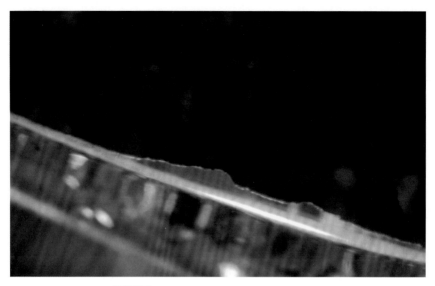

图5-32　底部覆有色膜（可见膜边缘处破损）

（2）染色

将脱水并有不同程度裂隙的琥珀放入染剂中进行染色，用于模仿老化的琥珀，也有染成绿色或其他颜色的。这种经过染色处理的琥珀在销售时需声明，并且其价格要比天然的没有经过染色的琥珀便宜（见图5-33）。

染色琥珀的鉴别特征：放大观察可见颜色只存在于裂隙中，透射光下可见裂隙中的颜色浓集。

图5-33　染色琥珀

（3）加温加压改色

经过多次加温加压改色处理，可使琥珀的颜色发生变化，呈绿色或者其他稀少的颜色，同时在一定程度上还可以改善琥珀的硬度和稳定性（见图5-34，图5-35）。

加温加压改色的琥珀，颜色均匀，通常内部洁净，在显微镜下不易区分，主要依靠红外光谱来进行鉴定。

（4）充填

天然琥珀中常留有大量孔洞，在加工成形后，有些孔洞会出露于表面。为不影响美观，多数孔洞会被琥珀碎料或树脂一类的物质充填起来，而使琥珀变得完整，同时也增加琥珀的重量并使其便于加工。有时琥珀中存在大量的开放性裂隙，这种琥珀脆性大。为了增加其耐久性，可在裂隙中充填树脂，在增加了耐久性的同时，琥珀的净度也得到改善。

图5-34 加温加压改色的琥珀（一）

图5-35 加温加压改色的琥珀（二）

充填琥珀的鉴别特征：放大观察可见充填物多呈下凹状；透光观察可以很容易发现琥珀和粘补部分在颜色、透光度、大致结构和包体的不同；粘补部分有别于琥珀的流动构造和气泡（见图5-36，图5-37）。

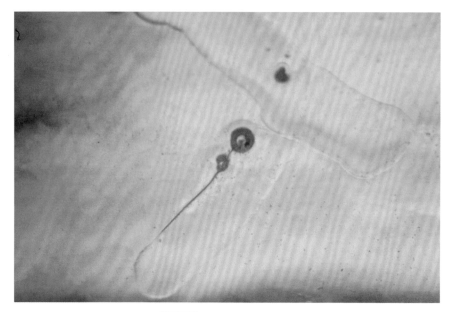

图5-36 充填后留下的凹坑

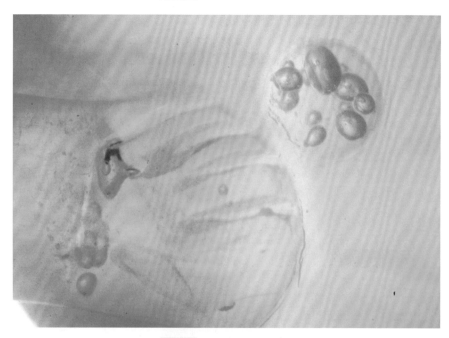

图5-37 充填处留下的气泡

3. 琥珀的其他优化处理

市场上销售的琥珀饰品，除了上述国家标准中提到的优化处理方法之外，一些新的优化处理方法也不断地出现。

（1）压清

压清处理是对不透明的琥珀材料进行加压加温处理，使其内部气泡逸出，变得澄清透明。它的处理过程与热处理类似，这种方法属于"优化"，即通过控制压炉的温度、压力，在惰性气氛环境下，用以去除琥珀中的气泡，提高其透明度的方法。在压力炉中，加热使琥珀部分软化，加压有助于琥珀内部气泡的排出，惰性气体可以防止琥珀氧化变色。琥珀加工一般都要经过净化这一流程，市场上大多数清澈透明金珀都属于净化产品。对于透明度差、厚度大的物料，往往需经过多次净化，或者增加净化的压力、温度和时间才能达到使其完全透明的目的。净化的产品类型主要为金珀和金绞蜜。由于琥珀的净化是由外而内逐渐进行的，接近表层部分的透明度首先得到改善，所以，未经彻底净化的蜜蜡内部保留了不透明的"云雾"，最终形成金绞蜜。目前市场上销售的部分金珀是由波罗的海的蜜蜡经优化而成。金绞蜜的外观似蛋清和蛋黄，即不透明且均匀的蜜蜡中心被透明的金珀所包围（见图5-38，图5-39）。

图5-38 压清处理琥珀（一）
（中间为不透明，边缘处为透明的）

图5-39 压清处理琥珀（二）

（2）烤色

为了让琥珀的颜色更加均匀，所采用的方式是烤色。所谓烤色，即在特定温度压力条件下，琥珀表面的有机成分经过氧化作用产生红色系列的氧化薄层，使琥珀的颜色得以改善。它是模仿了天然琥珀的氧化过程，并把这种过程人为加速，是利用机器高温加热，从而使琥珀颜色变深，加速氧化的过程。烤色过程也是在密封的压力炉中进行，其工艺流程与净化基本一致，唯一不同的是压力炉内的气体成分发生了改变。为了有利于氧化反应的发生，在惰性气体中加入少量氧气是十分必要的。烤色最常见的是将金珀烤成血珀，蜜蜡从天然的浅黄色烤成市场上最受青睐的鸡油黄色。烤色的琥珀因为颜色均匀，在市场上也更受消费者的喜欢。金珀烤成血珀的颜色所需时间较短，大概一周。而浅黄色蜜蜡烤成鸡油黄色的话，按珠子的大小，一般需要20天到1个月的时间。通常情况下，加热时间越长，氧气含量越高，血珀的颜色就越深。琥珀半成品经过烤色可以直接获得血珀成品，血珀经过再加工可以获得阴雕血珀和双色琥珀等产品类型。将弧面形琥珀加热处理成黑红色，抛去弧面表皮，保留底面并在底面上雕刻各种佛像、花卉图案等，即可加工制作成阴雕琥珀，暗色的背景能更好地突出雕刻主题。双色琥珀是通过抛光将血珀的部分氧化层去掉，显露出内部的黄色，能在同一块琥珀中同时呈现两种颜色，增加琥珀的美感。目前，烤色的琥珀在整个琥珀市场上的比例占到90%左右（见图5-40~图5-45）。

图5-40　烤色前（上）和烤色后（下）琥珀颜色对比图

图5-41 琥珀烤色设备（左）及烤色效果图（右）

图5-42 烤色后的琥珀珠

图5-43　烤色蜜蜡手串

图5-44　烤色血珀手串

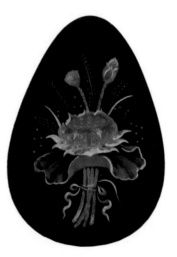

图5-45　烤色后阴雕的琥珀正面（左）和反面（右）

（3）贴皮

由于天然琥珀原料价格的不断上涨，工厂在处理琥珀原料时出于保重以及一些工艺上的考虑，往往保留琥珀部分原皮，同时常常根据天然皮色或烤色进行巧雕，以增加其观赏性以及工艺价值。琥珀原皮也成为琥珀鉴定中的一个参考。近期市场上出现"贴皮"琥珀饰品，这些"贴皮"琥珀中"真皮"及

图5-46 带天然外皮的琥珀原石

"假皮"可以在一件饰品中同时存在，非常具有迷惑性。贴上去的外皮与琥珀浑然天成，肉眼实在是难以分辨，只有在放大镜下才能看到接合的现象（见图5-46~图5-49）。

图5-47 带天然外皮的琥珀雕件（一）

图5-48 带天然外皮的琥珀雕件（二）

图5-49 带天然外皮的琥珀手串

通常"贴皮"处理部分覆盖在充填物上部，来掩盖琥珀充填的痕迹。紫外荧光灯下，充填以及"贴皮"的痕迹会变得更加明显：充填部位荧光较暗，与琥珀本身的荧光存在较大差异。在检测中对带皮琥珀要更加警惕，仔细观察，这类"贴皮"琥珀的主要鉴别要点是显微镜下观察与紫外荧光灯下观察相结合。俏色部分侧面观察时，应关注颜色变化有无过渡，是否存在黏合痕迹（粘接处结合不紧密以及残留的浑圆状气泡等）。充填部分应结合镜下以及紫外荧光灯下荧光颜色及强度差异进行观察。由于与雕件恰好匹配的外皮可遇而不可求，因此，我们目前见到的都是在雕件较为平整的地方贴皮（见图5-50）。

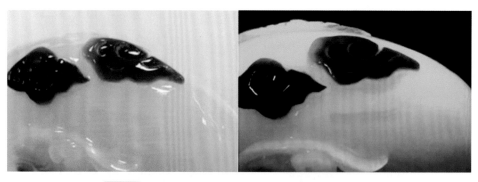

图5-50 贴皮琥珀在自然光线下（左）和紫外荧光下（右）

（4）水煮

琥珀的水煮处理在两年前就已经出现，彼时技术尚未成熟。随着中国成为世界琥珀消费的主体，各种优化处理技术可以说是针对国人的喜好而发生改变。中西传统文化的不同，中国消费者对"蜜蜡"的推崇，使得热处理形式反方向演变出"水煮"工艺。即在一定压力下，在溶液中加热金珀、金绞蜜或明显蜡质不匀的蜜蜡，使其内部产生气泡或使气泡的分布趋向均匀，从而造成满蜜的效果。虽然同为热处理，但"水煮"优化后的效果与"压清"完全相反。"水煮"蜜蜡的蜡质多是分布在表面，中间相对透明，给人的视觉效果就是中间较空，不如天然满蜜的蜜蜡的蜡质饱满；而且水煮后的蜜蜡，其原有天然流动纹路多散开呈朦胧状，不如天然蜜蜡的纹路灵动自然（见图5-51~图5-54）。

图5-51 水煮蜜蜡原石（一）

图5-52 水煮蜜蜡原石（二）

图5-53 原石

图5-53原石的皮是蜜蜡，中心部位是比较透明的琥珀（原石横截面表皮下明显分为了3部分。最外层是黑皮，黑皮下和中心之间有明显的一层白色蜜状物，过渡得非常不自然。面上有不自然、浑浊的气泡）

四、再造琥珀的鉴别

由于一些琥珀块度过小，不能直接用来制作首饰，因此，将这些琥珀碎屑在适当的温度、压力下烧结，形成较大块琥珀，称为"再造琥珀""压制琥珀""二代琥珀"等（见图5-55~图5-58）。

图5-54 去皮后的水煮蜜蜡（去皮后发现皮下的颜色非常均匀，几乎看不出天然的蜜蜡纹理）

图5-55 再造琥珀原料（一）

图5-56　再造琥珀原料（二）

图5-57 早期再造琥珀雕件

图5-58 近期再造血珀雕件

　　生产再造琥珀时，为了保证纯正的颜色和较高的透明度，要先将琥珀提纯。具体的方法是，将琥珀破碎成一定的粒度，再通过重力浮选法除去杂质，然后在一定的温度、压力下压制成型。压制时的温度和时间不同可以得到不同的产物，其内部特征有一定的差异。如果在压制过程中添加其他的有机物，如染料、香味精及黏结剂等，并通过较高的温度和较长的时间，则可以得到均匀、透明、没有流动构造的压制琥珀。这样处理得到的琥珀在外观上跟压固琥珀相似，融合部位成斑块状，有明显的分界线，还有红色的"血丝"。但两者是有本质区别的：压固琥珀是天然的分层琥珀，再造琥珀是琥珀碎屑融结成的，要注意区分。

再造琥珀的物理性质与天然琥珀相似，主要区别如下：①内部特征。早期再造的琥珀内部浑浊，透明度差，具有立体网状的"血丝"状构造，其中红褐色的边界纹路呈闭合状，线条生硬、多带棱角（为原琥珀碎屑颗粒边界）。而近几年再造的琥珀内部为了掩盖"血丝"，通过内部炸裂纹、表面冰裂纹、烤色、覆膜等进行掩盖。然而借助强透射光源照射，仔细观察冰裂纹下、有色覆膜下及雕刻的繁复花纹附近的再造琥珀特征，仍可见断续状的闭合"血丝"或局部带棱角的颗粒边界。当再造琥珀颗粒较小时，虽无"血丝"状构造，但可见细小颗粒边界，表现为流动的"砂糖状"构造（见图5-59~图5-63）。②正交偏光镜下，透明再造琥珀在正交偏光下表现为消光分区，界限分明，颗粒感强，有时伴有异常干涉色。天然琥珀的典型特征是局部发亮（见图5-64~图5-66）。③部分再造琥珀的紫外荧光特征表现为明亮的白垩蓝荧光，有时可见琥珀颗粒的边缘轮廓，多与显微镜下观察到的"血丝"分布方向一致（见图5-67）。

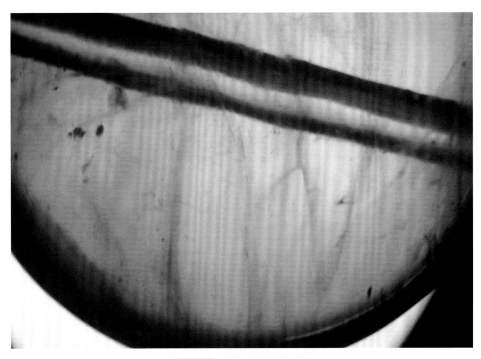

图 5-59　立体网状的"血丝"

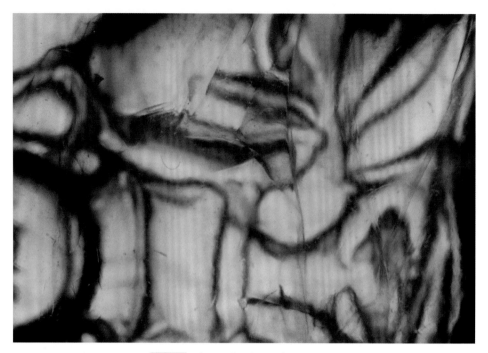

图 5-60 中间区域闭合的三角形"血丝"

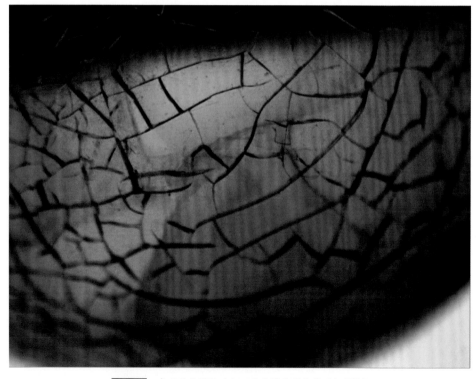

图 5-61 表面的冰裂纹（仍可见冰裂纹下方的"红丝"）

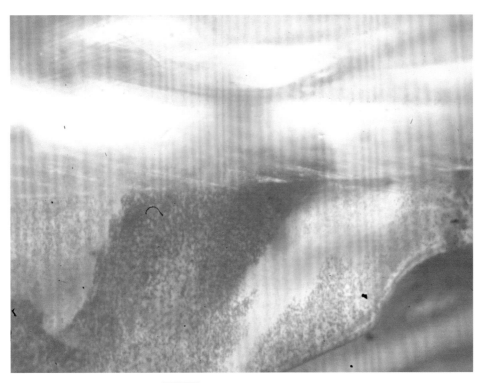

图5-62 极其细小的琥珀碎屑颗粒

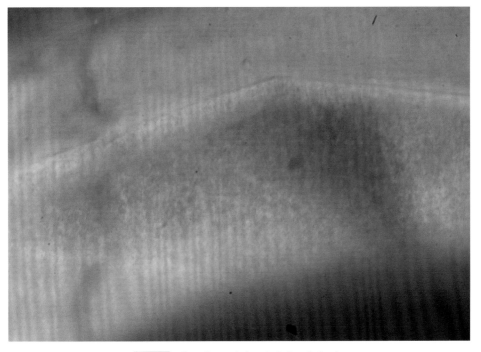

图5-63 中间朦胧区域为细小的琥珀碎屑颗粒

图5-64 天然琥珀（左）和再造琥珀（右）消光现象对比

图5-65 早期压制琥珀的消光现象

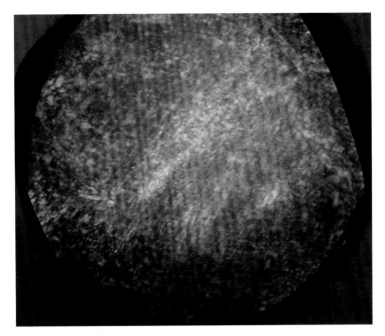

图5-66 再造琥珀中明显的颗粒感的消光现象

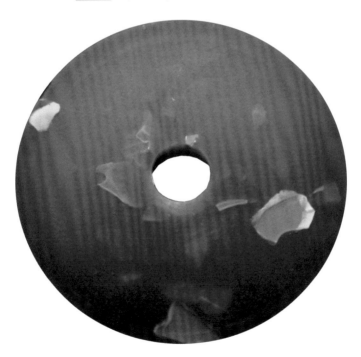

图5-67 再造琥珀荧光颜色和强度不一致（局部可见琥珀碎屑的边缘）

　　近几年，随着每年销售火爆的琥珀品种的变化，再造琥珀也在不断推陈出新。在2015年，再造琥珀主要是用来仿蜜蜡（见图5-68，图5-69）。

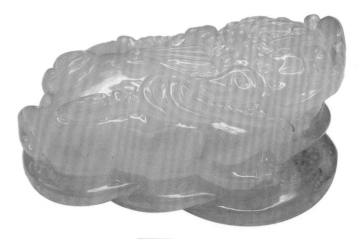

图5-68　再造蜜蜡雕件

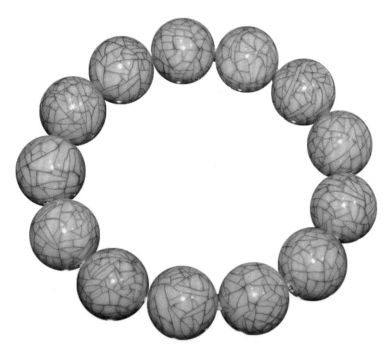

图5-69　再造蜜蜡手串（表面布满冰裂纹）

五、拼合琥珀的鉴别

拼合琥珀是由两块或两块以上琥珀或仿琥珀材料经人工拼合而成，且给人以整体印象的大块琥珀。

拼合琥珀的鉴别特征包括：①显微镜下观察，拼合处可见接触面边界，有时可见胶和气泡（图5-70，图5-71）。②正交偏光镜下观察，透明拼合琥珀表现为消光分区，界限分明。③紫外荧光灯下，不同组成部分荧光通常不一致，有时可见拼合处胶的弱蓝色荧光。

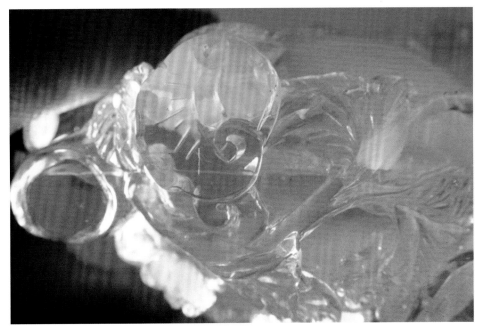

图5-70　雕件中间处可见明显的拼合缝

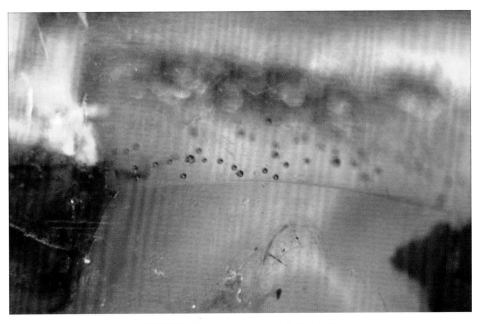

图5-71　拼合缝处可见呈片状分布的气泡

随着人类长期不断地开采，本来就有限的世界琥珀的蕴藏量已经越来越少，其中不少主要的产地均已过了产出量高峰时期，出现了琥珀产量逐年下降的局面。为此，不少国家对琥珀产地进行必要的保护性措施，停止无限制地滥挖滥采，甚至限制一些珍贵的琥珀类型的出口，保护这些有限的、大自然留给人类的宝贵遗产。

世界上质量较好、工艺价值较高的琥珀产地主要分布在：欧洲波罗的海沿岸国家、德国、波兰、爱沙尼亚和立陶宛等。波罗的海最大的、最丰富的琥珀矿产位于俄罗斯的加里宁格勒。此外，目前已知的琥珀产地还有俄罗斯西伯利亚北部、意大利的西西里岛、美洲的多米尼加、墨西哥、美国南部、加拿大及中国、日本、缅甸、泰国、澳大利亚和新西兰（见图6–1）。目前发现的最古老的琥珀，分别产自英国最北部的诺森伯兰郡以及俄罗斯的西伯利亚地区（见图6–2）。这些琥珀的地质年代属于石炭纪时期（距今大约3亿年）。而内含昆虫的最古老的琥珀，则是发现于黎巴嫩，是距今1亿多年的白垩纪琥珀。

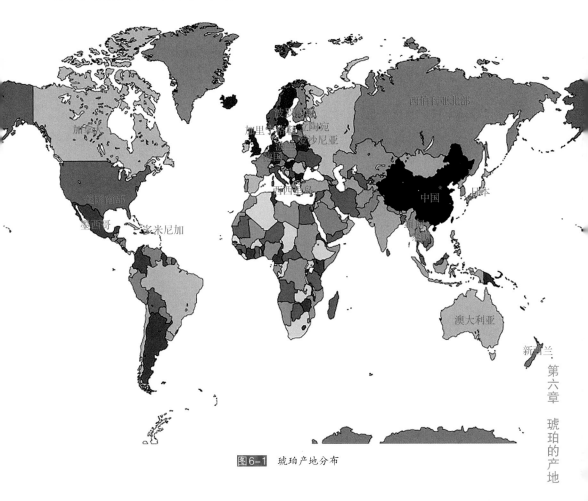

图6–1　琥珀产地分布

图6-2　产于俄罗斯的古老琥珀

一、波罗的海琥珀

以盛产琥珀闻名的波罗的海地区位于东北欧，其中产于波罗的海南岸的琥珀的品质被认为是最高的，形成于距今约5000万年前。由于特殊的地质、历史条件和气候条件，波罗的海出产的琥珀品种非常多，有透明的、半透明的、不透明的；颜色也非常多，有黄色、红色、褐色、白色、蓝色、绿色等，尤其以"鸡油黄蜜蜡"最受市场喜爱（见图6-3~图6-7）。波罗的海琥珀的产出状态主要有以下两种。

图6-3　波罗的海琥珀原石

海珀：这种琥珀产于海中，可在水面上漂浮，当地人将其称为"海石"。潮起潮落，日复一日，密度较轻的琥珀从海底漂浮上来，被海浪冲到沿岸的浅湾上，形成波罗的海沿岸独具特色的"黄金海岸"。

矿珀：这种类型的琥珀采自靠近波罗的海海岸的矿山上，和波罗的海所产的琥珀原料质量相似。波罗的海沿岸琥珀含矿层是未成岩的泥炭层，厚度一般为4~5m，琥珀呈似层状、团状分布。

图6-4 波罗的海蜜蜡原石（鸡油黄色）

图6-5 各色的波罗的海琥珀原石

图6-6　波罗的海蜜蜡原石

图6-7　波罗的海虫珀

1. 丹麦

　　丹麦是世界上第一个发现琥珀的国家，丹麦人喜爱琥珀，甚至把琥珀喻为美人鱼的眼泪。作为琥珀的发祥地，丹麦人开辟了闻名于世的琥珀贸易之路，丹麦人称之为"琥珀之路"。据有关资料记载，"琥珀之路"从丹麦北部的日德兰半岛，经由波罗的海口岸，可一直到达地中海、波斯、印度、中国甚至更远的地方。

　　目前，在丹麦琥珀屋博物馆内，收藏着一块最大的波罗的海琥珀，重量为10.478kg，是由丹麦一位捕捉龙虾的渔夫用渔网打捞上来的。由于在搬运过程中不慎碰掉了一块，使其重量减到了现在的8.866kg，它是琥珀屋博物馆中的镇馆之宝，见图6-8所示。

图6-8 丹麦哥本哈根琥珀屋博物馆内部陈列室

2. 波兰

波兰北濒波罗的海，盛产波罗的海琥珀，是波罗的海地区琥珀储量最丰富的国家之一。加工琥珀的作坊多集中在波兰的北方，以格但斯克为主，并且格但斯克因为盛产琥珀而被人们誉为"琥珀之都"（见图6-9~图6-12）。

图6-9 琥珀打捞者在靠近波兰格但斯克的海岸线附近打捞琥珀海矿

图6-10　由琥珀等宝石制作的千禧法贝热蛋（现藏于波兰格但斯克的琥珀博物馆）

图6-11 包裹着蜥蜴的琥珀（现藏于波兰格但斯克的琥珀博物馆）

图6-12 小型的琥珀柜（曾经属于波兰最后一任国王斯坦尼斯瓦夫二世所有）

　　"太阳光芒"是波兰琥珀独有的特点，其美丽程度是其他产地的琥珀望尘莫及的。琥珀中"太阳光芒"形成的原因与琥珀内部含有的极其微量的空气和水有关。这些气泡肉眼是看不见的，是在埋藏于地下时受到一定的地热和地压而膨胀产生的。受热的琥珀会得到净化而更加透明，更加晶莹剔透（见图6-13）。

图6-13 波兰格但斯克的琥珀（包裹着"太阳光芒"）

3. 俄罗斯

俄罗斯的琥珀储量占世界储量的90%，每年开采琥珀600~700t，其中约一半可用于制作首饰，另一半劣质的琥珀用于工业或制药。在俄罗斯加里宁格勒的琥珀矿中，琥珀层厚度有3米（见图6-14~图6-16）。

俄罗斯西伯利亚北部的泰梅尔半岛是世界上已知的最大规模的白垩纪琥珀矿区，早在1730年就已经存在对这些矿藏的记录。

图6-14 俄罗斯的加里宁格勒的琥珀矿

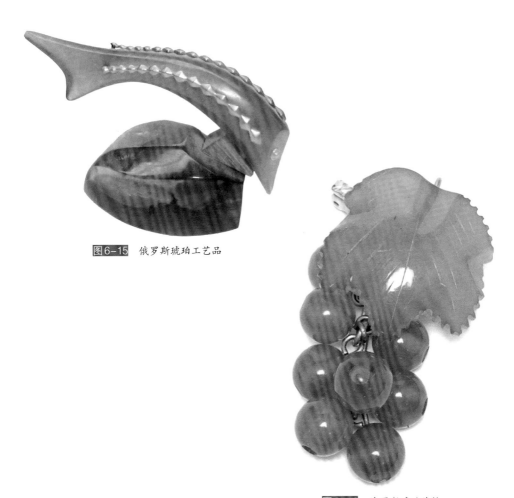

图6-15 俄罗斯琥珀工艺品

图6-16 俄罗斯琥珀胸针

二、意大利西西里岛琥珀

西西里岛产出的琥珀久负盛名，在我国的历史上可追溯至后汉时期，那时西西里岛的琥珀被当作进贡的礼物流传至各国。在意大利西西里岛卡塔尼亚附近的河中出产琥珀，西西里岛琥珀主要产自褐煤区，形成于地质学上的中新世中期，它们比波罗的海琥珀略为年轻。

19世纪末，西西里岛琥珀的价格十分昂贵，由于过度开采，这里的琥珀已经基本枯竭。在中国历史中的后汉时期，意大利西西里岛琥珀基本上不含有琥珀酸，燃烧时除了产生松香气味，还会带有淡淡的硫黄味。它们的颜色为深红色、蓝色和烟绿色，基本上没有蜜蜡品种，抛光后的颜色十分鲜艳。西西里岛的琥珀伴随有荧光，可能是受到了埃特纳火山土壤成分的影响所致（见图6-17~图6-19）。

图6-17　盛产琥珀的意大利西西里岛帕吉诺海岸

图6-18　配有意大利琥珀的古罗马项链（公元前550~公元前400年）

图6-19 产自意大利西西里岛的锡梅托河的琥珀饰品

三、多米尼加琥珀

多米尼加琥珀产自多米尼加共和国的伊斯帕尼奥拉岛，世界上喜欢收藏琥珀的人士对它们的兴趣最初开始于1960年。多米尼加的琥珀产量不高，一般为透明的，呈黄色或橙色，蓝色和绿色琥珀比较珍贵，其内含有大量的昆虫和植物。

近年来，产自多米尼加的琥珀热销至美洲市场，大多数多米尼加琥珀呈现透明的金黄色，琥珀内含有棕色斑点状的岩石碎屑。此外，橘红色、蓝色、绿色的琥珀，以及一些新出土的放射出蓝色、绿色或紫色荧光的品种，都深受欢迎。多米尼加产的琥珀，颜色繁多，按照等级从高到低依次为天空蓝色、湖水蓝色、蓝绿色、金绿色、金色，其中最珍贵的是天空蓝色的琥珀。多米尼加蓝珀的矿区大多是在陡坡上挖的洞穴之中的。因为环境恶劣、技术落后，多米尼加蓝珀的产量极其稀少，能够真正用于珠宝的蓝珀更是少之又少（见图6-20~图6-28）。

多米尼加琥珀在空气中氧化后颜色变红，其形成年代较晚，形成于渐新世晚期，其年龄为2500万~3000万年，所以石化程度不算很高，特别是加工的工艺饰品，比起波罗的海琥珀，较易磨损和损坏。

图6-20　盛产琥珀的多米尼加科迪勒拉山脉

图6-21　琥珀矿工在开采琥珀

图6-22　多米尼加琥珀原石

图6-23　多米尼加蓝珀

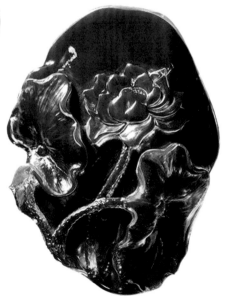

图6-24　多米尼加蓝珀雕件

图6-25　多米尼加天空蓝色琥珀

图6-26　多米尼加绿珀

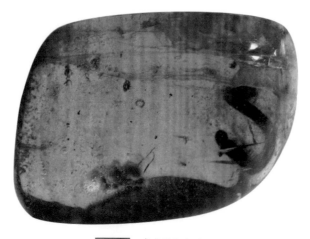

图6-27　多米尼加虫珀

图6-28 多米尼加琥珀工艺品

四、罗马尼亚琥珀

罗马尼亚人非常喜欢琥珀，并且把琥珀奉为国石。罗马尼亚出产的琥珀颜色丰富，颜色品种居世界之首，有深棕色、黄褐色、深绿色、深红色和黑色等，几乎都属于深色系，这是因为琥珀矿区中含有大量的硫黄沉积物。日积月累，这些硫化物对琥珀的颜色起到了很重要的影响。此外，多数的罗马尼亚琥珀含有煤和黄铁矿，也会加深琥珀的颜色（见图6-29，图6-30）。

罗马尼亚琥珀中以黑琥珀（dark amber）最为珍贵，其颜色近于赤黑色，接近于不透明，但在强光源照射下呈现深红色，这种琥珀在中国被称作翳珀。翳珀产地极少，几乎仅限于罗马尼亚。

罗马尼亚琥珀因含有硫化物，在燃烧时会发出呛鼻的硫黄味，熔点为300~310℃。罗马尼亚琥珀的密度为1.048g/cm³，略低于波罗的海琥珀，硬度则比波罗的海琥珀略高。罗马尼亚的红棕色琥珀，在紫外线的照射下，会产生蓝色荧光，这种现象和多米尼加的蓝色琥珀相同。

图6-29 罗马尼亚琥珀原石

图6-30 罗马尼亚琥珀手串

五、墨西哥琥珀

　　墨西哥开采琥珀的历史悠久，墨西哥琥珀也许是人们最早使用的琥珀品种。距今已有2500年历史的玛雅文明时期，巫师在祈福和祛病仪式上就会使用琥珀制成的药粉。玛雅人认为琥珀具有魔力，将其称为"太阳石"。今天墨西哥南部原住民女性仍然相信琥珀是幸运符，见图6-31～图6-33。

　　墨西哥盛产琥珀，位于墨西哥最南部的齐帕斯州矿区是南美洲琥珀的主产区。墨西哥琥珀和多米尼加琥珀在形成年代、形成的树种、形成环境，甚至是颜色上几乎完全一样。墨西哥琥珀有金黄色、棕色、绿色和蓝色，其中以蓝色最为珍贵，和多米尼加的琥珀在颜色上有些相似。蓝珀在正常光线下具有似有似无的蓝色调，而在阳光下或紫外线下则更强烈。这种蓝珀的蓝色与一种挥发物有关，吸收并反射紫外线而呈蓝色或绿色。蓝珀没有明显的龟裂纹，特点是表皮较薄，只有几毫米厚，轻轻一剥就能看到蓝珀的内部。墨西哥琥珀中含有昆虫和植物碎片，其形成的地质年代为距今约2000万~3000万年。

图6-31 墨西哥琥珀原石

图6-32 墨西哥琥珀手串

图6-33 墨西哥蓝珀

六、缅甸琥珀

　　除了波罗的海地区之外，缅甸也是世界上重要的琥珀产地之一。缅甸琥珀多数从20世纪初开始开采，是亚洲琥珀的重要来源地。科学家通过测试缅甸琥珀矿区的地质情况，并对琥珀中已经灭绝的昆虫种类进行了分类鉴定工作，从而得出结论，估计缅甸琥珀的年龄在6000万~1.2亿年，是最古老的琥珀，主要产自缅甸北部和印度交界的沼泽地带。

　　缅甸琥珀的颜色偏红，一般呈棕红色，绝对没有波罗的海琥珀的那种明黄的颜色。缅甸琥珀中最贵重的是明净的樱桃红色琥珀，这种樱桃红色的琥珀非常稀少，其颜色近似于血珀，但更加艳红，是琥珀中的珍品。缅甸琥珀除了含有方解石这一大特点外，另一特点是它在空气中氧化后，颜色会变得更红。缅甸琥珀主要呈暗橘色或暗红色，有的琥珀中含有植物碎片。此外，缅甸也产出金蓝珀，相对于多米尼加和墨西哥的蓝珀，缅甸金蓝珀的颜色更偏向于金色，这是其最典型的特点。由于琥珀内部含有方解石，使得琥珀的组织致密、硬度增加，在手中有厚重感，而且使有些原来较深色的琥珀，变成了乳黄色或棕黄色相交的颜色，从而形成了生动的流纹，类似于玛瑙纹（见图6-34~图6-37）。

图6-34　缅甸琥珀原石

图6-35 缅甸棕红色琥珀手串

图6-36 缅甸金珀手串

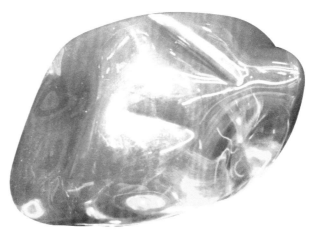

图6-37 缅甸金蓝珀

　　缅甸琥珀中还有一个特别的品种——根珀。根珀属于不透明的琥珀，含有方解石的成分，大部分是松科树脂化石。因根珀的形成年代久远，所以，在形成过程中有方解石成分沁入珀体，且形成深棕色交杂白色的斑驳纹理（也有乳黄与棕黄交错的颜色），经过抛光则呈现大理石般的美丽纹理。根珀是缅甸琥珀中产量不高的一种琥珀，而且有些根珀带蜜，所以，纹理图案等丰富多变。白根珀和蜜根最为稀有，受广大收藏爱好者喜爱，价格也逐年走高。因为材质更为坚硬，以及其自身的花纹和纹理，根珀十分适合做巧雕（见图6-38，图6-39）。

图6-38　缅甸棕红珀带根珀雕件

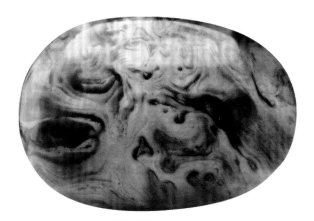

图6-39　缅甸根珀

七、日本琥珀

日本人喜爱琥珀饰品，日本开采琥珀的历史也很长。日本岩手县久慈市和福岛县盘城是著名的琥珀产地。久慈的琥珀年代久远，最古老的琥珀形成于距今8500万年的白垩纪晚期。久慈琥珀的颜色丰富，主要的颜色为棕红色和金黄色，同时也有一些不透明或半透明的带有旋涡纹花纹的蜜蜡，含有少量的昆虫。久慈琥珀以块度大而著称，在东京国立自然科学博物馆中收藏着一块重达16kg的琥珀就是久慈出产的。盘城出产的最古老的琥珀形成于距今约8000万年的白垩纪晚期，也以棕红色和金黄色为主。由于日本琥珀产量的逐年减少，现在这些饰品在市场上的销售价格不菲（见图6-40~图6-42）。

图6-40　日本琥珀原石

图6-41 日本琥珀雕件

图6-42 日本琥珀胸针

八、中国

中国有较多出产琥珀的地方，如河南、辽宁和云南。河南西峡县的琥珀主要分布在灰绿色和灰黑色细砂岩中，面积达600km²，呈瘤状、窝状产出，每一窝的产量从几千克到几十千克，琥珀大小从几厘米到几十厘米不等。颜色有黄色、褐黄色和黑色，半透明到透明。内部偶尔可见昆虫，大多数琥珀中含有砂岩、方解石和石英包裹体。该地的琥珀在过去主要是用来作为药用资源，1953年后开始用作工艺品，曾在1980年开采到一块重达5.8kg的大琥珀。

抚顺有全亚洲最大的露天矿——西露天矿，矿坑长6.6km，宽2.2km，矿坑总面积为14.52km²。琥珀产于第三纪煤层中，也有一些琥珀产于煤层顶板的煤矸石中。灰褐色的煤矸石中保存的颗粒状琥珀呈金黄色，密度和硬度较高。抚顺煤田的琥珀呈块状、粒状，品质高，数量多，与波罗的海的琥珀相似，透明到半透明，有血红色、金黄色、蜜黄色和黄白色等多种颜色，也发现有包裹着昆虫或植物的琥珀。抚顺琥珀的地质年代为第三纪时期，比波罗的海琥珀的年代早，因此，在科研方面具有更高的价值。产出的琥珀种类主要为血珀、金珀、虫珀等。由于地热的原因，抚顺的琥珀颜色多样，而因埋藏时间更久，虫珀中的昆虫形态比波罗的海虫珀中的要明显干瘪。由于近几年琥珀矿已经枯竭，琥珀和煤精已很少有产出。抚顺琥珀具有很强的树脂光泽，摩氏硬度为2~2.5，密度为1.1~1.16g/cm³，折射率为1.539~1.545，加热至150℃时软化，300℃时熔融燃烧，有芳香味（见图6-43~图6-46）。

图6-43　中国抚顺出产的各色琥珀

图6-44 中国抚顺琥珀手串

图6-45 中国抚顺金珀手串

图6-46 　中国抚顺血珀雕件

　　根据抚顺始新世时期地层保存的各种生物化石和地质资料提供的信息，抚顺琥珀的形成缘于抚顺地区处在一个构造断裂带上。由于喜马拉雅山构造运动，抚顺不断下沉形成一个盆地。在距今约6000多万年的古新世时期，这里的环境经历了火山的频繁喷发到逐渐稳定的过程。在火山喷发之后漫长的几十万年的岁月中，在富含大量微量元素的火山灰烬的大地上，植物曾经历了数十万年的繁衍，这里曾是万木葱茏的热带原始森林，河流、湖泊众多，古树参天，气候温和，是飞禽走兽的欢乐王国。由于受雷电和狂风暴雨的袭击，树木枝干断裂，一些受过自然创伤的松科植物断裂的"伤口"处流出树脂，树木不断地分泌树脂，有的树脂分泌出来时因带有香味而吸引不同种类的小昆虫前来。由于树脂又稠又黏，昆虫一旦被黏住就很难逃脱，而不断分泌的树脂将这些小昆虫、树叶等包裹其中。由于当时特别活跃的地质构造运动，随着盆地的急速下降，原来大面积的原始森林被深埋于地下，大量有机物质被封闭在地层里面，处于一个还原的密封环境。随着时间的流逝，原始森林碳化形成煤，其中的树脂也在煤层中被保存下来，石化成琥珀，被包裹的动物和植物形成化石。

　　云南丽江等地的琥珀主要产于第三纪煤层中，颜色多为蜡黄色，半透明状，大小为1~4cm，但并无大规模的开采。

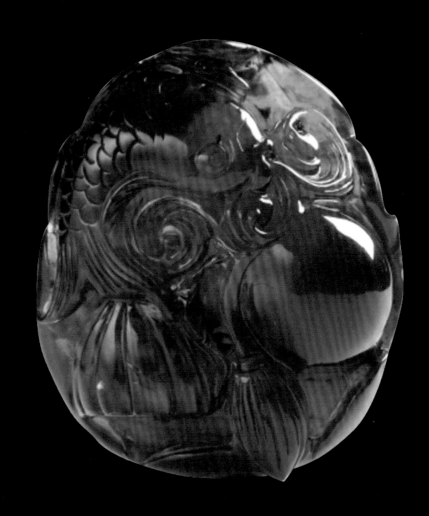

一、琥珀的开采

琥珀是由千万年前的植物分泌的树脂埋藏于地下，经过地质作用而形成的化石。天然琥珀的形成离不开时间因素，但更为重要的是周围的环境以及地层的影响。琥珀的产地、埋藏琥珀地层的地质时代、地层的岩石性质的不同等诸方面因素也构成了琥珀质量上的差别。

波罗的海沿岸湖泊含矿层是未成岩的泥炭层，厚度一般是4~5m，最厚处为几十米。琥珀呈似层状、团块状。琥珀层的上部为疏松的泥沙。开采时沿含琥珀的矿层用机械开采、挖掘，在露天开采或地下开采。由于开采方便，一个工人能开采到上千克原料。靠近海边的含矿层经过海水的冲刷，琥珀有时可能冲出而直接见到，因此，在海边也常常可见漂浮着工人选剩下的琥珀碎料和废料（见图7-1）。

图7-1 俄罗斯加里宁格勒地区淘选琥珀矿

多米尼加琥珀形成于距今3000万年的地层中，1929年开始进行商业性开采。多米尼加蓝珀的矿区大多是在陡坡上挖的洞穴之中的。因为地壳变动或者是山崩之后，矿区才露出了地表。前往矿区的路通常只能让行人通行，车子和机械都上不去。也因为琥珀的硬度很低，所以开采琥珀是不能用炸药的。矿工只能用像十字镐这样简单的工具来挖掘矿道。多米尼加这个地方，秋冬时节都是雨季，每年只有5~9月这段时间才能够开采琥珀，见图7-2~图7-4。

图7-2　多米尼加的琥珀矿开采现场

图7-3　多米尼加琥珀矿的开采

图7-4　多米尼加琥珀矿开采出来的琥珀原料

缅甸琥珀资源主要分布于缅甸克钦邦密支那到德乃地区。每年大约5月份雨季就来临了，直到10月份才结束，缅甸的琥珀多藏于沼泽地，一旦雨季来临时就无法开采了，一年之中只有半年的时间可以开采琥珀。缅甸琥珀矿藏呈零星状分布，没有大规模集中的矿区，只能采用原始的手工挖掘开采；矿区的作业时间受雨季影响，不论是矿藏量还是开采量都极其稀少。据有关资料统计：1898~1940年，共生产82t缅甸琥珀原料，平均年产1.95t。由此推断，缅甸原料年产量2t左右，其中做成宝石的约占20%。近两年缅甸政局不稳定，而缅甸琥珀的主产区属地方军控制的范围，不时发生的战争也影响到了琥珀的开采、销售，供货量呈不稳定态势。琥珀制作成珠宝，原料的耗损率是非常高的，尤其缅甸琥珀由于形成的年代都超过6000万年，大部分已经风化、碎裂，加之缅甸琥珀矿皮厚、脏，包裹杂质多，成品率比波罗的海的琥珀要低得多（见图7-5）。

图7-5 缅甸琥珀矿

我国辽宁抚顺地区所产的琥珀埋藏在几十米厚的煤层之中，虽然天然琥珀是金黄色的，但刚开采出来的琥珀和煤难以区别。因为刚出土的琥珀外表包裹着一层黑色的外皮，用刻刀刻开外皮，才可以看到金黄色的琥珀。由于爆破采煤时琥珀及其碎片会被掀露到地表，爆破之后机械采煤阶段的作业面上也会暴露出一些琥珀。因此，在采煤放炮的煤层掌子面（即采煤的工作面）上，常常可以看到琥珀及金黄色的琥珀碎片，抚顺当地人又送给露天矿的琥珀一个雅号——"煤黄"（见图7-6）。

图7-6　中国抚顺西露天矿

20世纪80年代，在抚顺露天煤矿，经常能看到专门采琥珀的人，当地人称他们为"砸煤黄"的。露天煤矿爆破采煤过程中风沙很大，他们往往戴着防风沙只露出双眼的防尘帽，手持鹤嘴尖锤，在煤矿的掌子面上寻找、采挖琥珀。在70年代初期，那时正逢新露天煤矿开采的盛季，每个捡拾煤黄的工人每天都能收获甚丰，有时可采到2~3kg琥珀。琥珀的自然块粒径越大，加工工艺品的价值就越高。虽然抚顺琥珀的自然块粒径较小，但当时也能采集到不少像火柴盒大小的甲级琥珀料。到了20世纪90年代以后，随着露天煤矿的开采进入尾声，琥珀已越来越少，所发现琥珀的块度也越来越小。

琥珀在煤层中往往呈线状、条带状分布，用鹤嘴锤沿着琥珀分布线挖刨是采珀工人寻找琥珀的主要方法。而我国的另外一个琥珀产地河南西峡，琥珀产自于白垩纪地层的砂岩之中，分布往往没有规律，但常常成窝产出。有时几年都发现不到大窝琥珀的踪迹，但偶尔一次发现的一窝就能达到几百千克甚至上千吨。

二、琥珀的加工

琥珀开采或挖掘出来后，我们称之为"原始琥珀"或琥珀矿石。它们有着不规则的外表，并且常被泥土、砂砾或其他物质覆盖，所以，分离出来的"原始琥珀"需要放入水中，将泥土和砂砾冲洗干净。根据需要，将它们放入油中提升内部物质的可见度。琥珀中的裂隙需要细心处理，因为在切割和加工过程中，这些裂隙可能会变得更大（见图7-7，图7-8）。

图7-7　选矿

图7-8　原料分选

当琥珀中所有物质变得清晰之后，就可以制订加工计划了，并着手切割。一大块琥珀可能需要切成几小块，然后才能用小切割刀，去掉不需要的部分。在切割时避免琥珀的温度过高，否则，琥珀会因太热而出现损伤。在加工虫珀时也应该特别注意，因为昆虫包裹在树脂中时形成的裂隙可能会被扩大。这些裂隙一般是肉眼不可见的，它们常常出现在昆虫的周围。琥珀经过切磨后有了具体的形状，这时的琥珀表面仍然是很粗糙的，需要进行抛光。抛光剂的选择尤为重要，尽量避免颜色很深的抛光剂，因为它会影响琥珀本身的颜色（见图7-9~图7-16）。

图7-9 开料

图7-10 用砂轮打磨琥珀

图7-11 雕刻

图7-12 雕刻后未抛光的琥珀

图 7-13　抛光

图 7-14　抛光后分选

图7-15　串成珠链

图7-16　抛光后的雕件

通常情况下，上蜡是最后一道加工工序。将蜡涂在琥珀表面，等蜡干了之后，用一块软棉布进行打磨。注意不要使用很粗糙的蜡或者是带有很强挥发性的醋，这些都会对琥珀产生损伤。

一般来说，切割、雕刻、打磨、抛光都是工匠的工作，消费者买到的基本是成品的琥珀饰品或者琥珀工艺品等，他们无需掌握这些加工技巧。但是对于资深的琥珀收藏者来说，学习一些基本的加工技巧，可以有助于他们自己对于琥珀矿石进行购买、加工，增加收藏的乐趣。而且，琥珀随着时间的推移，表面颜色会加深，或者是遇到外界腐蚀性物质的侵蚀，表面会氧化而变得模糊起来。这时，收藏者可以自己动手对琥珀表面进行加工，这也是一件乐事。

大部分的琥珀加工都会进行必要的优化或净化处理，以使其达到最佳状态。这种处理保持了天然琥珀原有的物理、化学性质，与地热自然产生的结果完全相同。琥珀的加工因材而异，分为不必雕琢的加工和需要雕琢的饰品加工。不雕琢的多数是原石保留或根据形状进行简单的抛光而成；雕琢的饰品，要进行审料、设计、加工。琥珀的加工一般对琥珀价格影响很小，市场上很多的琥珀饰品都是随形加工而成的。在采用金属镶嵌的琥珀首饰中，一般都用银而极少用金。这一方面是因为有的国家限制使用金，另一方面是受琥珀的价格和历史影响的结果。

来自波罗的海特别是镶嵌银饰的琥珀首饰，基本上都是波兰加工制作的成品，也有少部分简单的镶嵌是国内加工的。而那些没有附加银饰，上面雕刻了中国民族色彩如佛像、佛手和貔貅、如意等吉祥物、寿星等琥珀，大多为进口材料、国内加工。至于珠子，有的是国外加工、国内穿绳，有的是进口材料、国内加工。

第八章

琥珀的选购、投资和保养

琥珀深受世界各地的皇室、贵族、收藏家和大众消费者的喜爱。琥珀晶莹剔透、温润亮丽的质感和色彩的魅力，吸引着当今世人，而我国藏族同胞更是有全身都佩戴昂贵的琥珀蜜蜡饰品的习俗（见图8-1）。

图8-1 藏族妇女佩戴琥珀饰品

近几年掀起的全球收藏热潮，使得琥珀饰品和工艺品价格不断上涨。国际性的琥珀市场主要集中在美国、加拿大、意大利、日本以及其他产琥珀的地区。近年来，俄罗斯、波兰、德国等地珠宝商也积极向其他地区的珠宝市场推销琥珀。

琥珀艺术品过去在国际市场上的行情平平，收藏者很少，直到20世纪80年代中期，随着宗教文物市场的盛行，琥珀才开始在中国的台湾、香港地区，以及新加坡和日本等地流行，收藏者日益增多，价格也随之上涨。尤其是近几年来，许多西方艺术品爱好者也加入了竞相购买的队伍，促使琥珀一跃成为收藏品市场的新宠，其市场价格也在不断地增高。此外，由于天然琥珀的主要产地俄罗斯等国对于天然琥珀开采过多，导致产量下降，天然琥珀在国际市场上的价格节节攀升。和过去相比，琥珀原料加工已经上涨了50%~100%，而琥珀中非常珍贵的品种蓝珀和绿珀等，其价格更是上涨了20~30倍。鉴于天然琥珀的产量越来越少，特别是其中珍稀品种一价难求。

琥珀的收藏价值，对于生物学家或地质学家而言，在于它的历史演变过程；对于投资者或爱好者来说，只有内部具备稀有动物或植物的琥珀，才称得上是一件奇货可居的至宝。

一、琥珀饰品的类型

1. 琥珀项链

单股项链，根据项链的长度有长项链和短项链之分。根据珠子的形状，琥珀项链有圆珠串珠项链、随意形项链，有单色珠子的项链，也有多色珠子间隔串成的项链。珠子的大小有渐变式的，也有大小几乎完全一致的，以及大小分段串珠编制的项链。琥珀项链中也有用金、银间隔串几粒琥珀珠而成的项链。这些项链不论年轻、或年老的消费者都可以佩戴，与不同的服饰搭配而起到画龙点睛的作用（见图8-2，图8-3）。

图8-2 单股式琥珀项链（一）

图8-3 单股式琥珀项链（二）

　　双股项链，是由一长和一短两条琥珀链用特殊的链扣固定而成的。一般琥珀的珠子粒度较小，形状以圆形居多，见图8-4。还有多股式项链可以选择，见图8-5。

图8-4　双股式琥珀项链

图8-5　多股式琥珀项链

　　此外，琥珀还可以和其他宝石，如珊瑚、绿松石等搭配在一起串成项链，这种饰品有很强的民族风（见图8-6）。

图8-6　琥珀、绿松石项链

2. 琥珀吊坠

琥珀因其形态千变万化，是非常适合做吊坠的宝石之一。吊坠也是琥珀饰品中最常见的款式。可以镶嵌，也可以不经镶嵌直接佩戴使用，形状可大可小，可以简单也可以复杂，适合各种不同类型的琥珀，也适合各种不同类型的设计风格（见图8-7~图8-10）。

图8-8　琥珀吊坠（二）

图8-7　琥珀吊坠（一）

图8-9　琥珀吊坠（三）

图8-10　琥珀吊坠（四）

3. 琥珀戒指

　　目前，琥珀戒指常见的有两种，一种是整个戒指指圈是一整块琥珀加工而成的（图8–11），另一种是使用贵金属镶嵌而成，选择的贵金属一般以925银居多。镶嵌方式以包镶为主。因为琥珀硬度小，并且脆性大，包镶可以起到保护琥珀的作用。这种款式的戒指，造型灵活多变，同时，琥珀戒面也可以加工成各种几何形状来满足戒指设计造型的变化。设计风格可以清新、时尚，也可以具有怀旧的复古风（见图8–12~图8–14）。

图8–11　琥珀戒指（一）

图8–12　琥珀戒指（二）

图8-13 琥珀戒指（三）

图8-14 琥珀戒指（四）

4. 琥珀耳饰

琥珀耳饰主要有耳钉、耳环、耳坠。女性通过佩戴长短不同、形状不一、款式各异的耳饰，能够带给观赏者不同的视觉效果（见图8-15～图8-19）。

图8-15　琥珀耳钉（一）

图8-16　琥珀耳钉（二）

图8-17　琥珀耳坠（一）

图8-18　琥珀耳坠（二）

图8-19　琥珀耳坠（三）

5. 琥珀手饰

琥珀的手饰包括手串、手链和手镯，其中手串最为常见。琥珀手串的珠粒形状分为圆形、椭圆形、不规则形状等，此外，也有单排、多排的手串；整条手串可以由同一品种的琥珀串成，也可由两种或三种不同品种的琥珀搭配串成（见图8-20~图8-23）。琥珀手镯有圆形手镯，也有椭圆形手镯；有宽条的，也有窄条的。由于琥珀的密度低，所以，一般较宽条的手镯戴上之后也无沉重感（见图8-24）。

图8-20　单串琥珀青金石手串

图8-21　多串琥珀手串

图8-22　琥珀手排

图8-23　扁圆珠琥珀手串

图8-24　琥珀手镯

6. 琥珀胸针

琥珀胸针是服饰搭配中的重要配饰，可以是由一粒大的随形琥珀制作而成，也可由多粒较小的琥珀群镶而成。胸针整体造型以动物和植物造型为主（见图8-25~图8-28）。

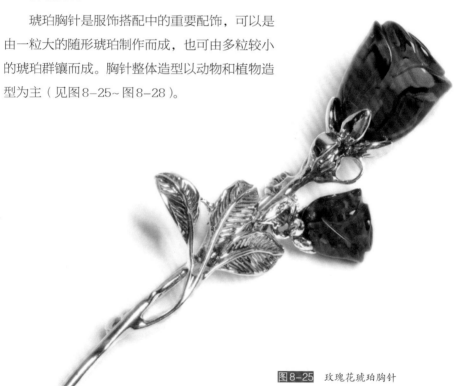

图8-25　玫瑰花琥珀胸针

图8-26 琥珀胸针

图8-27 猫头鹰琥珀胸针

图8-28 小提琴琥珀胸针

二、琥珀工艺品的种类

1. 琥珀把玩件

　　"把玩件"，又称"手玩件"、"手把件"，是古玩术语，指能握在手里触摸和欣赏的雕件或器物等（见图8-29~图8-31）。琥珀的把玩件有小的雕件，也有佛珠，其中佛珠有18粒大珠的和108粒小珠的（见图8-32，图8-33）。

图8-30　带皮琥珀把玩件

图8-29　琥珀把玩件

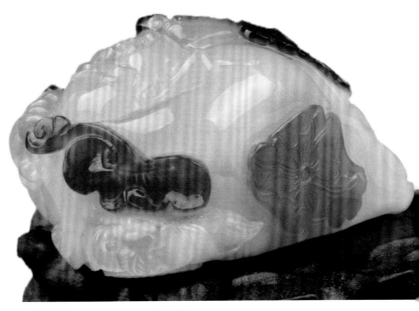

图8-31　带皮琥珀把玩件

图8-32　18粒琥珀佛珠手串

图 8-33　108粒琥珀佛珠手串

2. 琥珀摆件

琥珀摆件主要是用来观赏，一般摆放在桌上或专门的陈列柜中。一件构思巧妙、工艺精湛、用料上乘的工艺品，摆放在合适的位置能够起到满堂生辉的作用。

琥珀摆件的设计，一般根据琥珀原料的大小、形状、颜色来选择雕刻的主题和造型。琥珀摆件的造型，主要有人物、动物等。每件摆件都是经过工匠们精雕细琢加工而成的。有些摆件并不仅仅是工艺品，它还具有实用价值，如琥珀首饰盒、琥珀象棋、琥珀家具等，集美观与娱乐为一体（见图8-34~图8-37）。

图8-34　八边形琥珀茶罐，底座为镀银材质（现藏于英国温莎城堡）

图 8-35　琥珀龙纹摆件

图 8-36　琥珀观音摆件

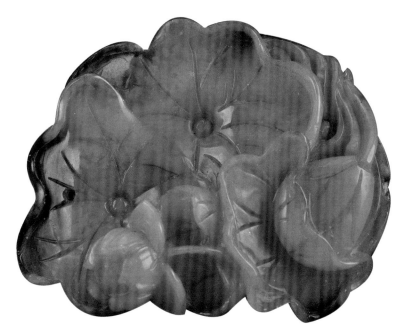

图8-37　琥珀荷花摆件

三、琥珀的选购

1. 琥珀的质量评价

目前市场上针对琥珀的质量评价暂无统一的标准，但总体上从琥珀的颜色、块度、透明和包裹体四方面来进行评价。

（1）颜色

琥珀的颜色以浓正者为佳，绿色和透明的红色琥珀价值较高。

（2）块度

一般要求有一定的块度，且越大越好。

（3）透明度

要求洁净无裂隙，越透明越好，以晶莹剔透者为上品，半透明至不透明者次之。

（4）包裹体

琥珀中可含有许多动植物及其碎片，以含有昆虫者价高。内部昆虫的完成程度、清晰程度、形态大小和数量多少决定其价格的高低。

根据这四方面的因素并结合具体的市场状况，可将琥珀质量分为四个等级：

特级：颜色为红色、金黄色，含有完整的动植物化石，无裂隙及其他杂质，透明。

一级：颜色为黄色或蜜黄色，含有少量动植物化石，但形态不完整或常见，无或有少量的裂隙，块度越大越好。

二级：黄色、极少含有动植物化石，有少量的裂隙或杂质，半透明，较大。

三级：浅黄、黄色，不含有化石，有裂隙或杂质，微透明，块度大小一般。

2. 琥珀的选购

因为琥珀种类繁多，购买和选购应该首先确定自己需要什么样的琥珀制品。

（1）考虑琥珀的质量

重量：任何宝石皆以重量作为衡量价值的参考依据，但并非绝对的。在两颗相同重量的琥珀中，会因为产地、色泽、内含物、切割工艺以及创意设计，价值有所差别。

色泽：波罗的海琥珀的颜色，因琥珀酸的变化而形成，如透明的黄色、金黄色、红色、酒红色；不透明的黄棕色、蜜黄色；而珍珠白般的色泽是较为稀有的。琥珀出土以后，因接触空气中不同的温度与湿度，使琥珀发生氧化作用，颜色渐深，质地更加晶莹、温润。这是佩戴其他宝石无法替代的乐趣。

内含物：琥珀是目前世界上唯一能将生物保存荚中，穿越时空，历经了千万年依然能保存完好如初的宝石，琥珀素有"时间荚囊"之美誉。琥珀中的生物、空气、水分与其他的元素至今仍是科学家探索远古的珍贵资料（见图8-38，图8-39）。

图8-38　波罗的海虫珀

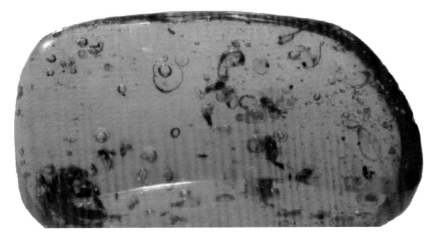

图8-39 水胆琥珀

切割工法及设计创意：任何宝石倘若没有良好的切割与抛光，就无法显现其珍贵性。琥珀的摩氏硬度为2~3，其切割与抛光则需要更为高超的技术，方能显现出炫耀迷人的色泽。同时，依据宝石不同的特性，搭配独特设计与创意，才能展现出美不胜收的特殊时尚风格。

针对不同品种的琥珀，其质量评价的部分标准略有差异。以金绞蜜为例，金绞蜜的琥珀中的"蜜"不能太多或者太少，建议占整体的一半左右为佳。还需要注意观察，如果中间的"蜜"不透，而边缘特别透，分界线特别规则的，就要警惕是不是经过优化的金绞蜜了。

针对蜜蜡而言，市面上的蜜蜡的颜色有红色、黄色、白色三种颜色，其中以黄色系为主，但颜色也是参差不齐。并且按照现在的大众心理，鸡油黄是高端蜜蜡的代表，必须颜色够黄、够亮，同时达到满蜜，这样品质的蜜蜡才算是真正的鸡油黄蜜蜡。所谓的"满蜜"指的是蜜蜡内部结构紧密，质地细腻，是质量较高的蜜蜡。需要注意的是，鸡油黄品质的蜜蜡虽然颇受消费者的喜爱，但其产量少，并且价格不菲，所以市场上销售的鸡油黄蜜蜡很多是选用天然的浅黄色蜜蜡通过烤色而得到的（见图8-40，图8-41）。

图8-40 未烤色蜜蜡手串

图8-41 鸡油黄蜜蜡手串

缅甸根珀纹理越少、质地越细腻为好，其中颜色白皙的为珍稀品种。在挑选根珀的时候，挑选偏白的为佳（见图8-42）。有些缅甸根珀是一半透明一半黑白，这样的大料从透明处看内部特征，会有万千世界的感觉。

内部包裹着"太阳光芒"的花珀，在选购时，主要看"太阳光芒"，颜色越美观、分布越有意境的越好。但由于个人的审美标准不一样，因此，如果不是出于投资收藏的目的，在透明度较好的情况下，"太阳光芒"的多少及分布可以依据自己的喜好选择（见图8-43）。

图8-43 花珀

图8-42 白色根珀

　　目前市场上颇受欢迎的蓝珀品种，在挑选时也要特别注意。世界上主要的蓝珀产出国是多米尼加、墨西哥和缅甸。多米尼加蓝珀，特点是正蓝色、颜色浓郁。其实最早的蓝珀指的就是价格昂贵的多米尼加蓝珀，产量稀少，颜色浓郁，在自然光下就会看出纯正的蓝色，而顶级蓝珀具有天空一样的蓝色，故称为"天空蓝"，价格不菲。墨西哥蓝珀的特点是蓝绿色。整体来看，墨西哥蓝珀通体为淡金色，对着光的表面则呈蓝色，这种蓝色在太阳光或者明亮的白光下更为明显，而且蓝色会随着光的照射角度变化而灵活移动。墨西哥蓝珀广泛受到消费者喜欢，主要是因为它料质通透、干净没有杂质。缅甸金蓝珀，相对于其他两种蓝珀，颜色更偏向于金色，这是其最典型的特点，见图8-44~图8-46。

图8-44　"天空蓝"色多米尼加蓝珀

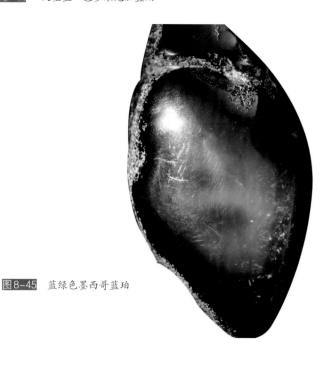

图8-45　蓝绿色墨西哥蓝珀

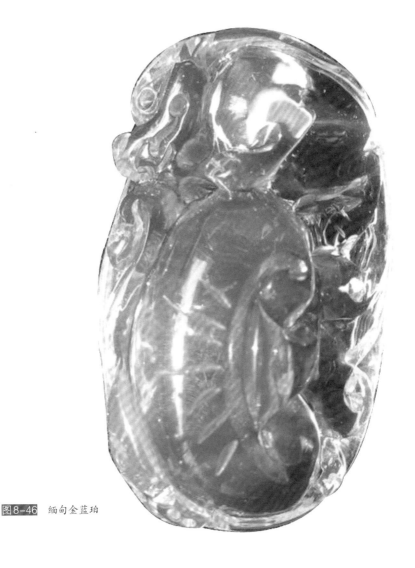

图8-46 缅甸金蓝珀

（2）考虑自己的喜好和琥珀的功效

选购琥珀饰品很难追求完美，这是琥珀本身的特性所致，一些裂纹和包裹体恰恰是琥珀特别的地方。如果喜欢琥珀中独特的"太阳光芒"，可挑选经过了热处理的琥珀。琥珀中的"太阳光芒"错落有致，再搭配银或其他贵金属的镶嵌，会为消费者更加增添光彩。需要注意的是，在挑选琥珀饰品时，首先需要辨别饰品是否为真正的琥珀，是否由整块琥珀制成，以及有无经过了处理的痕迹。

如果是为了收藏，那最佳的选择是以天然琥珀矿石为原料。只经过简单的纯手工制作的饰品或雕刻品，其独一无二的精美手工工艺，能保证琥珀物品的传世性和唯一性（见图8-47）。

图8-47 双色琥珀雕件

如果是喜欢收集虫珀或是特殊的包裹体的琥珀标本，那么，内部动植物或其他包裹体的观赏性、完整性、清晰度、数量的多少则尤为重要。

如果是为了治疗或预防某些疾病，那么应该选择经过了清洗和粗加工的天然琥珀矿石。因为琥珀酸更多是聚集在琥珀的外皮中，所以，带皮的琥珀最大限度地保留了琥珀的药用价值，既可以长期佩戴，也可以内服。（见图8-48）

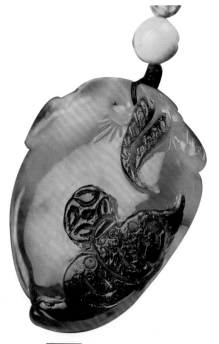

图8-48 带皮琥珀吊坠

（3）不同种类的琥珀适合不同的群体

明珀颜色极其淡雅，清澈透明。如果你是性格开朗、天性率真的女性，佩戴上琥珀饰品可以使你神清气爽、思维活跃，更加具有灵动和娇柔之美。适合文职人员、年轻的演艺界以及从事音乐方面工作的人士（见图8-49）。

图8-49　明珀吊坠

金珀在古代时被称为"财石"，因其色彩鲜亮，华贵引人，最适合性格直率、为人磊落正直人士使用，其金黄色的光辉会给你带来更多更美好的与人相处的机会，适合经营人士拥有（见图8-50，图8-51）。

图8-50　金珀吊坠

图8-51　金珀手串

棕红色琥珀是最为常见的琥珀，其火红色或浓茶色的色泽，温婉可人，典雅浪漫中隐藏着热情，适合所有女性佩戴，也是最能体现出女性柔媚娇贵的一种琥珀。它可以使你感悟到时光的流逝，领悟到生命的弥足珍贵，从而更加珍惜生命中的每一次相遇，每一个缘分；它甚至可以部分改变人的脾气，让人恬静平和，更加信任和理解自己的朋友，还会带来意外的惊喜和不期而遇的好运气（见图8-52）。

图8-52 棕红珀吊坠（产自缅甸）

血珀中颜色很深的被称为翳珀（也称瑿珀），色彩浓艳凝重，它的宝光可以让人时刻笼罩在幸福和宁静的气氛中，它的静电效应会让人有种轻松的感觉。当然，对于体弱或健康状况不佳的人士，血珀不愧为一件改善状况的秘密武器。另外，经常在洁面后用血珀珠子摩擦面部，有利于促进肌肤的血液循环，对改善气色有着非常大的作用（见图8-53，图8-54）。

图8-53 血珀手串

图8-54 翳珀吊坠

绿珀神秘幽深的色彩和内部迷离深邃的胞体，让人产生梦幻般的向往和渴求。适合性格内向，做事认真的人士。对于从事要活跃思维工作的人士较为适合，如艺术创作以及文艺界人士。也许把玩触摸这种远古的神秘宝石，会带来源源不断的思绪和神秘的灵感，同时，也会使工作进展得很顺利（见图8–55）。

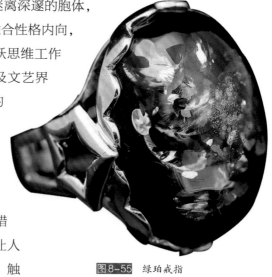

图8-55　绿珀戒指

蜜蜡，古代皇家御用琥珀。蜡质的色泽以及油润光洁的触感，让人体会到的只有内心的平静与祥和，触摸它时可以聆听自己的心跳，肯定会让人忘却凡尘中种种的不快与不安。特别适合专门做研究、考古、教师以及宗教界人士使用。据说手持蜜蜡能与天神交流，可以把愿望直接倾诉给自己的庇护神，并得到他的指引和保佑（见图8–56，图8–57）。

图8-56　蜜蜡吊坠

图8-57　蜜蜡手串

花珀迷乱的色块交织在一起，美丽中传达着狂乱的情绪，让人产生过目不忘的效果。拥有也许不是为了把玩，更不需要挂在颈间，而仅仅是简单拥有就已经相当满足（见图8-58）。

图8-58　花珀吊坠

第八章　琥珀的选购、投资和保养

双色琥珀交织但不重叠地融合在一起，界限分明而且深浅清晰，可以使人条理更加清晰，反应更加机敏，判断果敢，深受财务部门和金融部门人士爱戴（见图8-59）。

图8-59　双色琥珀吊坠

组合琥珀把各种美好的向往和祝愿串联在一起，当然感受到的会是更加强烈的映射。这种映射来自于颈间那串美丽的稀有的宝石，以及这些宝石所携带的神秘的力量。这种神秘的力量将伴随人一生的时光，抚慰心灵，同时庇护今生来世，让人永远沐浴在幸福和安宁中（见图8-60~图8-62）。

图8-60　镶嵌不同种类琥珀和玛瑙的项链

图8-61　组合琥珀手串

四、琥珀的投资

在收藏风劲刮的当下，琥珀的市场关注度从2010年开始逐步升温，这种树脂经过地质作用掩埋地下形成的化石，已慢慢摆脱了饰品的身份向珠宝靠拢。2011年以来，琥珀的价格扶摇直上，从每克三五十元上涨至每克百元起步，若体积大、质地好，价格则会更高。而琥珀中的精品蓝珀，目前每克价格更是冲破千元大关。

琥珀近两年价格的上涨，首先与原料价格上涨有关；其次，从2011年4月开始，琥珀原料进口的关税有所增加。此外，在经历金融危机、股市低迷、房地产调控之后，部分人手中的闲钱由于没有投资渠道，又急需寻找新的投资品种。因此，琥珀的投资收藏开始受到关注。

对于琥珀的投资，收藏琥珀以大取胜。重量在500g以上的体积大的琥珀，保值升值空间都很大。目前，市场上能见到的体积比较大的琥珀多在200~300g，500g左右的已不多见。如果从颜色上来说，蓝珀受欢迎程度最高，而纯净度越高、色泽较深则价格越贵。与普通料每克百元左右的价格相比，品质上乘，价格差距较大。此外，体积越大、包裹昆虫越大、越完整的虫珀也比较受欢迎，市场价格也相对高一点。现在，也有很多消费者喜欢蜜蜡，这是因为蜜蜡密度高，无论消费者佩戴

图8-62　琥珀套饰（三件套）

或者把玩在手中更有质感，品质不同。

如果不需要考虑投入的资金，当然可以买体积大的、成色好的琥珀，保值升值空间大。如果有万元的预算，可以投资大毫米的珠子、手串以及相对大一点的吊坠、雕件等。顶级的血珀、金珀、黄蜜蜡都可以买到，如果是买蓝珀，体积就会很小。如果只有千元预算，虽然谈不上投资升值，但依然可以买到适合佩戴的手串，一般是10~13粒、珠子尺寸小一点的血珀、金珀和黄蜜蜡。此外，108颗的琥珀佛珠，也是不错的选择（见图8-63~图8-65）。

请切记：只有天然的琥珀才有投资价值，仿制品或优化处理品都没有投资的意义（见图8-66）。

图8-63　琥珀工艺品（产自俄罗斯）

图8-64　清代琥珀鼻烟壶

图8-65　蜜蜡108粒佛珠手串

图8-66 再造琥珀制品

五、琥珀的保养

琥珀是一种娇贵的宝石，日常保养直接影响到琥珀的质量和外观。基本保养方法包括以下方面。

① 琥珀忌高温，不要长时间置于太阳下或高温处，琥珀过于干燥容易产生裂隙。并且琥珀的熔点低，易熔化，不要靠近火源。

② 琥珀为有机质宝石，其化学成分几乎全部为有机物，所以琥珀易溶于有机溶剂。一般情况下，不要接触如发胶、杀虫剂、香水等物质。

③ 琥珀不宜接触挥发性、腐蚀性的物质，要远离强酸、强碱，所以，在厨房中不要佩戴琥珀饰品。

④ 琥珀的吸水性强，不宜在水中浸泡时间过长。夏天如出汗较多，在佩戴后应尽快用软的棉布擦拭干净，也可用中性洗涤液清洗，然后用清水冲洗，再用柔软的棉布擦拭干净，最后均匀地涂上少量的橄榄油，可使琥珀恢复光泽。不要使用毛刷等硬物清洗，也不要使用珠宝店提供的清洁首饰的超声波清洗机来清洁琥珀饰品，这样可能会导致琥珀饰品碎裂。

⑤ 琥珀的硬度低，要单独封装放置，不要与其他宝石、首饰放在一起，以防止摩擦损伤。此外，琥珀要避免磕碰，与硬物摩擦会使其表面变得毛糙，产生细小的擦痕，破坏琥珀的表面光泽，进而影响其外观。

［1］王昶，申柯娅. 中国古代对琥珀的认识［J］. 珠宝科技，1998，（1）：31–32.

［2］张蓓莉. 系统宝石学. 第2版. 北京：地质出版社，2006.

［3］GB/T 16552–2010.

［4］GB/T 16553–2010.

［5］杨一萍，王雅玫. 琥珀与柯巴树脂的有机成分及其谱学特征综述. 宝石和宝石学杂志，2001，（1）：16–22.

［6］肖诗宇，徐世球. 琥珀的宝石学特征及鉴定. 宝石和宝石学杂志，2000，（4）：27–28，59.

［7］朱莉，王旭光，罗理婷. 再造琥珀的宝石学鉴定特征. 超硬材料工程，2009，（6）. 48–53.

［8］彭国祯，朱莉. 多米尼加琥珀. 宝石和宝石学杂志，2006，（3）：32–35.

［9］张蓓莉，陈华，孙凤鸣. 珠宝首饰评估. 北京：地质出版社，2000.

［10］王昶，申柯娅. 珠宝首饰的质量与价值评估. 武汉：中国地质大学出版社，2011.

［11］彭志杰. 琥珀解码. 北京：中国轻工业出版社，2015.